姚 亮 总策划

EPC 模式在抢险救灾工程中的探索与研究

陈武谨 徐兆颖 付光平 戴立先 主 编

中国建筑工业出版社

图书在版编目（CIP）数据

EPC模式在抢险救灾工程中的探索与研究／陈武谨等
主编． －－北京：中国建筑工业出版社，2024.12.
ISBN 978-7-112-30564-3

Ⅰ．D632.5

中国国家版本馆CIP数据核字第2024XM0774号

抢险救灾工程具有工期短、标准高、任务重、隐患多等特点，依靠现有的EPC模式在传统建设工程中的应用经验存在局限性。本书基于EPC模式应用于抢险救灾工程中的三个实际工程案例，对其应用理论与实践进行了全面总结，展示了EPC模式在抢险救灾工程中的应用成效，提炼出EPC模式在抢险救灾工程中的应用经验，并从模式创新、团队建设、政策配套、项目创新等方面提出建议，以供今后同类建设项目参考。

责任编辑：刘婷婷　张　晶
书籍设计：锋尚设计
责任校对：张　颖

EPC模式在抢险救灾工程中的探索与研究
陈武谨　徐兆颖　付光平　戴立先　主　编
姚　亮　总策划

*

中国建筑工业出版社出版、发行（北京海淀三里河路9号）
各地新华书店、建筑书店经销
北京锋尚制版有限公司制版
建工社（河北）印刷有限公司印刷

*

开本：787毫米×1092毫米　1/16　印张：7¾　字数：133千字
2024年11月第一版　　2024年11月第一次印刷
定价：**98.00**元

ISBN 978-7-112-30564-3
（43724）

本书编委会

主　编

陈武谨　徐兆颖　付光平　戴立先

副主编

顾兴海　何季昆　崔先斌　罗彩霞　段　海　赵宝军
焦春杰

参　编（按姓氏笔画排序）

王小海　史伟民　冯　昊　冯　强　汤忠文　许　通

许宝扬　孙亿文　吴龙梁　张　恒　张柏岩　胡东旭

胡健华　钟　勇　俞　霆　莫名标　钱忠骅　倪　峰

徐　恺　徐金鑫　徐海波　高　攀　郭发强　郭鹏中

黄　敏　彭志涵　程汉雨　曾维来　谢佳君　裴开元

前　言

改革开放以来，我国建筑业快速发展，建造能力不断增强，产业规模不断扩大，为我国经济社会发展、城乡建设和民生改善做出了重要贡献。在2020年伊始，新冠疫情肆虐的情况下，我国建筑业工作者更是甘做"逆行者"，冒着感染病毒的风险，投入抗疫建设第一线，完成了在短期内修建大规模应急隔离设施的壮举。

然而，在项目开展过程中，我们发现，如何将EPC模式有效应用于抢险救灾工程的理论与实践少之又少。加之，与传统建设工程相比，抢险救灾工程具有工期短、标准高、任务重、隐患多等特点，因此，单纯依靠现有的EPC模式在传统建设工程中的应用经验不足以为抢险救灾工程实践提供参考。

本书深入贯彻习近平新时代中国特色社会主义思想，牢固树立"政治意识、大局意识、核心意识、看齐意识"，自觉在思想上、政治上同党中央保持高度一致，坚定"道路自信、理论自信、制度自信、文化自信"，贯彻落实"党旗飘扬在防控疫情斗争第一线"的原则，将具有代表性的三个EPC项目的建设实践经验加以汇总，按照"理论分析—应用方法—实践建议"的思路进行编写，共分为7章。首先，在厘清EPC模式的时代背景和发展历程后，本书明确了EPC模式及抢险救灾工程的内涵，在理论层面分析了EPC模式在抢险救灾工程中的重要性与适用性。其次，在明确EPC模式应用于抢险救灾工程的原则和策略的基础上，以党建引领为关键，从科学高效决策、全面快速准备、高速持续施工、技术与智慧融合的验收、移交与运维、多维评估等角度明确EPC模式如何应用于抢险救灾工程。这部分是本书的精华，也是未来抢险救灾工程借鉴应用EPC模式的关键。最后，本书以具体的项目作为案例，展示EPC模式在抢险救灾工程中的应用成效，在此基础上，从党建、管理架构、管理工作、工期管控、质量安全管控、预算管理、应急防疫、统筹管理、全过程管理等方面提炼出EPC模式在抢险救灾工程中的应用经验，并从模式创新、团队建设、政策配套、项目创新等方面提出宝贵建议。这既是对实践经验的展示与总结，也为读者深入思考提供方向。

本书是我国建筑业持续健康发展、打造"中国建造"品牌的一个缩影，也充分说明党的领导是我国人民能够战胜一切艰难险阻的制胜法宝，在党的领导下中国人民将战胜一切困难，最终取得胜利并拥有美好生活。

本书在编写过程中得到许多专家学者的支持，在此，谨对各位专家学者表示崇高的敬意和衷心的感谢！

由于编写时间和编写水平有限，本书难免存在错误和不妥之处，敬请广大读者和专家批评指正。

目　录

第1章
EPC模式的时代背景与发展历程

1.1 时代背景

目前，我国已完成了一系列大规模工程，为了实现建筑业长远与高质量发展，需推动工程建设组织模式变革，以提升建筑企业效率，增强建筑企业国际竞争力。

建筑行业是一个传统行业，也是我国开启市场化进程较早的行业。建筑企业作为完全竞争市场主体，需不断创新，才能立于不败之地。

新中国建筑业走过了70余年的光辉历程，随着我国工业化进程的快速推进，大规模城镇化也在波澜壮阔地展开，中国建筑业在其中发挥了不可替代的作用。如果说城市是"数字中国"和"美丽中"国建设的重要载体，那建筑就是城市的"细胞"，基础设施是城市的"骨架"，信息化基础设施则是城市的"血管"，这一切都离不开建筑业的支撑。建筑业的发展水平从一定程度上决定了城市的建设品质和发展质量，但中国建筑业的发展质量还不高，对投资拉动、规模增长的依赖较大，与供给侧结构性改革要求的差距仍然较大，适应瞬息万变的国际国内形势的能力还不强。

党的十九大报告指出，"我国经济已由高速增长阶段转向高质量发展阶段，正处在转变发展方式、优化经济结构、转换增长动力的攻关期。"党的二十大报告指出，"发展不平衡不充分问题仍然突出，推进高质量发展还有许多卡点瓶颈，科技创新能力还不强。"建筑业作为传统制造行业，在新形势下，要坚持眼睛向内，做好自己，做强自己，大力弘扬工匠精神，持续提升产品品质，提高供给质量标准和精细化管理水平，通过组织模式变革带动产品创新和转型升级，紧跟客户需求，优化产品服务，提升客户满意度，提高企业可持续发展能力。

建筑施工企业要加快从传统模式下按图施工的承建商向综合建设服务商转变，不仅要提供产品，更要做好服务，要不断关注客户的需求和用户体验，并将追求安全性、功能性、舒适性及美观性的客户需求与个性化的用户体验贯穿于施工建造全过程中。通过自身角色定位的转型升级，紧跟市场步伐，提升企业可持续发展能力。

虽然我国建筑市场模式改革提出时间较早，但不同领域当前进展不一。房屋建筑市场未能及时跟上工业（如石化、电力、冶金、纺织等）及部分交通、水利项目市场模式变革的步伐，大多仍延续计划经济时代的模式，暴露出了诸多弊端：中标前甲方压级压价，肢解总包、强行分包的现象严重；中标后设计、施工方不断变更，洽商追加投资超概算的现象严重；低层次恶性竞争激烈，市场混乱、腐败频发的问题突出。因此，部分地方政府已率先开始推动房屋和市政基础设施的建筑市场模式改革，通过推广采用EPC（Engineering、Procurement、Construction，即设计、采购、施工）模式，使总承包单位既讲节约又讲效率，实现设计优化、缩短工期、节省投资和"一口价、交钥匙、买成品、买精品"的目标，取得了明显的经济社会效益。

为实现我国建筑业的高质量发展，推动以工程总承包为主要变革方向的工程建设组织模式变革迫在眉睫、意义深远。

1.2 EPC模式发展历程

众多中国企业从1984年开始探索和发展工程总承包模式，并在工程领域践行此模式，国内有关政府部门也于同时期逐步规范和推广这种承发包模式。总体而言，中国建筑行业总承包模式推进与发展至今，可分为1984—2015年的缓慢发展期、2016年转折点、2017年至今的高速发展期。

1.2.1 缓慢发展期

1984—2015年缓慢发展期的发展历程如表1.2-1所示。

1984—2015年缓慢发展期发展历程　　　　　表1.2-1

年份	机构	文件名称	相关内容
1984	国务院	《关于改革建筑业和基本建设管理体制若干问题的暂行规定》（国发〔1984〕123号）	要求各部门、各地要组建具有法人地位、独立经营、自负盈亏的工程承包公司

年份	机构	文件名称	相关内容
1987	国家计委、财政部、中国人民建设银行、国家物资局	《关于设计单位进行工程建设总承包试点有关问题的通知》（计设〔1987〕619号）	要求成立12家试点单位进行工程总承包
1992	建设部	《工程总承包企业资质管理暂行规定（试行）》（建施字第189号）	工程总承包企业按照资质条件分为三级
1992	建设部	《设计单位进行工程总承包资格管理的有关规定》（建设〔1992〕805号）	设计单位经有关勘察设计管理部门批准并取得《工程总承包资格证书》后，可承担批准范围内总承包任务
1999	建设部	《关于推进大型工程设计单位创建国际型工程公司的指导意见》（建设〔1999〕218号）	先后有几百家设计单位领取了工程总承包甲级资格证书
2000	国务院、外经贸部、外交部、国家计委、国家经贸委、财政部、人民银行	《关于大力发展对外承包工程的意见》（国办发〔2000〕32号）	大力发展对外承包工程
2003	建设部	《关于培育发展工程总承包和工程项目管理企业的指导意见》（建市〔2003〕30号）	鼓励具有工程勘察、设计或施工总承包资质的勘察、设计和施工企业，发展成为具有设计、采购、施工综合功能的工程公司；工程勘察、设计、施工企业也可组成联合体对项目进行联合总承包
2004	建设部	《建设工程项目管理试行办法》（建市〔2004〕200号）	试行建设工程项目管理
2007	建设部	《施工总承包企业特级资质标准》（建市〔2007〕72号）	对《建筑业企业资质等级标准》中施工总承包特级资质标准进行了修订
2011	住房和城乡建设部	《建设项目工程总承包合同示范文本（试行）》（GF—2011—0216）	指导建设项目工程总承包合同当事人的签约行为，维护合同当事人的合法权益
2015	交通运输部	《公路工程设计施工总承包管理办法》（交通运输部令2015年第10号）	国家鼓励具备条件的公路工程实行总承包。总承包可以实行项目整体总承包，也可以分路段实行总承包，或者对交通机电、房建及绿化工程等实行专业总承包

1.2.2 转折点

虽然国家和各部委发布了上述文件推行工程总承包，但我国的基础建设模式基本上还是采用苏联的"设计院—施工企业实施模式"，工程总承包发展缓慢，甚至处于停滞状态。转折点在2016年春天，《中共中央 国务院关于进一步加强城市规划建设管理工作的若干意见》发布，要求"深化建设项目组织实施方式改革，推广工程总承包制，加强建筑市场监管，严厉查处转包和违法分包等行为，推进建筑市场诚信体系建设。"此后，采用工程总承包模式的项目如雨后春笋般不断涌现。

2016年，《住房城乡建设部关于进一步推进工程总承包发展的若干意见》（建市〔2016〕93号）发布，要求大力推进工程总承包模式，完善工程总承包管理制度，提升企业工程总承包能力和水平，加强推进工程总承包发展的组织和实施。

1.2.3 高速发展期

2017年至今高速发展期的发展历程如表1.2-2所示。

2017年至今高速发展期的发展历程　　　表1.2-2

年份	机构	文件（规范）名称	相关内容
2017	国务院	《国务院办公厅关于促进建筑业持续健康发展的意见》（国办发〔2017〕19号）	全面提出加快推行工程总承包的各项具体要求
2017	住房和城乡建设部	《建设项目工程总承包管理规范》GB/T 50358—2017	加快推进工程总承包作为深化建筑业重点环节改革的重要内容
2019	住房和城乡建设部、国家发展和改革委员会	《房屋建筑和市政基础设施项目工程总承包管理办法》（建市规〔2019〕12号）	对工程总承包相关承发包、招标投标、风险分担、分包管理、质量安全责任、责任追究等作出制度规定
2022	住房和城乡建设部	《"十四五"建筑业发展规划》（建市〔2022〕11号）	强调继续推广工程总承包模式

第2章
EPC模式及抢险救灾工程中的内涵

2.1 EPC模式的内涵

2.1.1 EPC模式的概念

EPC工程总承包模式（简称"EPC模式"）即设计、采购、施工一体化。工程总承包是指总承包商按照与建设单位（业主）签订的合同，对工程项目的设计、采购、施工等实行全过程或者若干阶段的承包，并对工程的质量、安全、工期、造价等全面负责的承包方式（图2.1-1）；也被称为"交钥匙"模式（Turnkey），是近几年我国工程建设领域大力推行的一种管理模式。

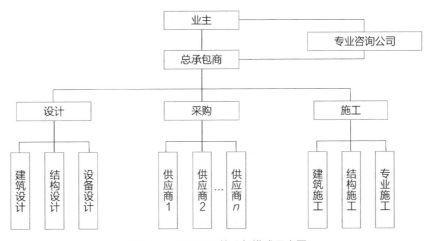

图2.1-1　EPC工程总承包模式示意图

2.1.2 EPC模式的特点及优势

1. EPC模式的特点

（1）发包人不应过于严格地控制总承包商，而应在项目建设过程中给其较大工作自由。发包人需要做的是掌握工程进度，了解工程质量是否达到合同要求，建设结果能否最终满足合同规定的建设工程的功能标准。

（2）发包人对建设项目的管理一般采取两种方式：过程控制模式和事后监督模式。过程控制模式是指发包人聘请监理工程师监督总承包商在设计、采购、施工环节的工作，并签发证书。发包人通过监理工程师在各个环节的监督，来实现对项目建设过程的管理。事后监督模式是指发包人一般不介入对项目实施过程的管理，但在竣工验收环节较为严格，通过严格的竣工验收对项目实施总过程进行事后监督。

（3）总承包商对建设工程的设计、采购、施工整个过程负总责，对建设工程的质量及建设工程的所有专业分包人履约行为负总责。也就是说，EPC模式下总承包商是建设项目的第一责任人。

（4）采用阶段发包来缩短建设工期，从而促进项目的集成管理；将各个阶段合理交叉，实现EPC的内部协调，发挥设计的主导作用，降低运行成本，提高项目整体经济性，从而提升项目综合效益。

（5）在EPC模式下，由于项目责任单一，合同关系简单，发包人在工程建设过程中的合同管理较为简单，组织协调工作量较小，易于控制。但在该模式下招标发包工作难度大，发包人择优选择承包方的范围较小，工程造价高。

（6）与传统模式不同，在EPC模式下，总承包商承担大部分风险，一般采用固定总价合同，在需求统一、明确的前提下，承包商根据合同约定的工程范围、建设规模、建设标准以及给定的基础资料，按照合同价的限额进行设计。最终结算价格在无物价调整和发包人无重大变更（工程范围、规模、主要技术标准、特殊地质处理变更）的前提下，结算价款不应调整。

2. EPC模式的优势

（1）可提高工程建设质量。在EPC模式下，工程总承包商实现了对设计、采购、施工、竣工验收全过程的质量控制，很大程度上消除了质量不稳定因素。设计、采购、施工在工程总承包商内部进行，设计工程师、采购工程师、施工工程师可以随时相互沟通和对接，使以往由于设计、采购、施工分离造成的互相制约和脱节的困难被有效克服，施工环节中由于没有完全理解设计意图而造成的采购和施工偏离的问题被有效避免。

（2）可缩短项目建设周期。在EPC模式下，总承包商能够完全发挥整体协调和资源调配作用，通过对设计、采购、施工的统筹安排，显著提升整体效率。通过科学合理的组织安排，工程总承包企业可以保障项目设计、采购、施工有序衔接，进而缩短建设工期。

（3）可充分发挥设计的主导作用。在工程项目建设中，设计方案的技术水平、工艺水平是决定性因素。EPC模式能够充分发挥设计方在建设项目中的主导作用，便于项目的整体方案不断优化。

（4）可简化合同关系，便于建设方管理。在EPC模式下，合同关系简单，组织协调工作量小，建设方只需提出工程项目建设的目标、意图和要求，对建设过程的具体细节无须过多干预；只需对项目施工节点进行验收，施工产生的各种问题均由总承包方负责。

2.1.3 EPC模式存在的风险

与平行发包的传统模式相比，虽然EPC模式具有一些独特的优势，且在全国得到广泛应用，但是总承包商要将这些优势不断扩大尚需时日，且该模式存在一定风险。若风险得不到妥善解决，将给总承包商带来无法挽回的经济损失。

1. 外部环境风险

（1）外部经济风险

在EPC模式下，一般除合同范围发生变化外，合同总价不允许发生变化。因此，不可避免地会面临通货膨胀、物价上涨以及因国家政策、法律法规调整引起的税率、汇率调整等因素导致的费用增加。如果总承包合同中没有相应的调价条款，将会给总承包商带来不可避免的风险。

（2）自然环境风险

自然条件风险主要指总承包商在项目实施过程中所面临的不明水文气象、复杂工程地质、不明周边环境等。尽管工程总承包商可以通过踏勘或者从建设方获取部分工程资料，但还是难以完整了解项目所在地的自然条件情况，因此无法完全避免投标报价失误的风险。

2. 建设方的资信风险

建设方资信风险主要指建设方的资金支付能力风险，包括业主经营状况恶化、项目未来的运营效益不明、融资不到位或资金链断裂、过往的不良支付记录等。如果建设方不能按照合同约定及时支付相应的工程款，无疑将给总承包商及正常的工程建设带来很大的风险。

3. 总承包商自身风险

（1）联合体协调管理风险

目前国内大多数工程总承包企业都不具备设计和施工双资质，在较大型项目的建设中，以联合体形式投标是一种常态。EPC工程总承包项目联合体双方虽然在投标前以联合体投标协议书的形式规定了由牵头方来进行统一协调管理，但是由于联合体成员方管理人员来自不同的单位，隶属关系不同，利益关系也不同，很难做到统一服从牵头方的指令，因此联合模式难以克服成员方管理"两张皮"的问题，从而导致执行力不足，给EPC总承包项目带来巨大风险。

（2）分包风险

无论是设计、施工分包商的选择，还是采购供应商的选择，对总承包商顺利完成项目都是至关重要的。如果分包商资信不良，不能很好地完成合同约定工作，即使将其中途清理出场，重新招标，也会给总承包商带来严重损失。

（3）合同风险

由于签订合同的双方都想采用自己熟悉的合同文本，将不利于自身的合同条款分摊给对方，这无形中给工程总承包合同的谈判和签约造成实质障碍。在固定合同总价的情况下，如果总承包商对招标文件研读不透，就容易出现合同约定权责不清、前后矛盾、工程范围界定不明、合同工期约定不合理等情况，合同一旦签订，将会给总承包商的项目执行工作带来较多风险。这些合同风险如果在合同履行过程中不能得到及时解决，将造成合同约定难以执行，从而直接导致项目建设成本增加。此外，合同的全面履行工作，也是总承包商项目管理的薄弱环节，特别是对于工程暂停及复工、工程变更、索赔及施工合同争议、解除、终止等事宜的处理。

2.2 抢险救灾工程的内涵

2.2.1 抢险救灾工程的概念

我国国土面积广阔，不同地区可能发生不同的自然灾害（地震、洪涝等）。为应对自然灾害袭击，尽可能保护公民的生命和财产安全，全国各地既建设有用于救灾的工程，也有紧急建设的抢险项目。

抢险救灾工程是指由政府成立的抢险救灾机构认定的抗击突发性灾害、险情，造成或即将造成严重危害的突发公共事件发生时，为保护国家和人民生命财产免受损失而必须立即实施治理、修复、加固等措施的工程，主要包括：

（1）道路、桥梁、隧道等交通设施抢险修复工程；

（2）防洪、排涝等水务工程及附属设施的抢险加固工程；

（3）崩塌、滑坡、泥石流、地面塌陷等地质灾害抢险治理工程；

（4）房屋建筑和市政、环卫、燃气等公共设施抢险修复工程；

（5）其他因自然灾害、事故灾难、公共卫生事件、社会安全事件发生后需要采取紧急措施的抢险救灾工程。

2.2.2 抢险救灾工程的特点

1. 建设工期短

与传统项目相比，抢险救灾项目具有紧急性和特殊性，对工期的要求更高。对于抢险救灾项目而言，时间就是生命。为实现建造目标，除了要求24小时不间断连续作业外，还需要应用快速建造技术，如模块化集成建筑技术等，将大量的工序从现场转移至工厂，用空间换时间，保障项目如期交付。

2. 建设标准高

抢险救灾项目具有特殊的专业或功能要求，同时对项目的交付质量要求高。因此，在项目设计阶段，需要从功能性和适用性出发进行人性化设计；在项目施工阶段，需要严格把控质量，落实精细化生产与安装。

3. 建设任务重

抢险救灾项目在交付时涉及的工程内容繁多，需对土建、机电安装、暖通空调、消防、装饰装修、市政道路及市政园林等多个环节进行验收。此外，由于抢险救灾项目要求的建造时间短，建造过程中存在的设计变更多、环境恶劣等问题都会进一步加大建设难度。

4. 建设风险多

抢险救灾项目24小时不间断连续作业，将增加现场安全风险和质量问题。此外，工期紧张导致项目建设工作内容不断变化，加之建设环境恶劣、作业面广等客观条件，都进一步增加了施工现场的各项风险。

2.2.3 抢险救灾工程的重点难点

1. 对设计经验要求高

由于抢险救灾项目的紧急性，留给设计的时间不多，设计过程中往往多次出现图纸变更；且由于抢险救灾项目对各类建筑材料的需求爆发性增长，单一厂家无法在有限时间内提供巨量产品，因此多渠道采购和购置现货的情况在所难免。而各分包商的供货渠道不同，很可能导致不同楼栋的专业深化图存在差异。这就要求各专项图纸深化设计时要进行反向设计，以保证工程进度；设计管理方面要加强标准管理、图纸管理、深化设计管理等，加大设计全过程管理力度，尽最大可能统一分包大样节点，统筹施工工艺，做到现场施工工艺标准统一。这对设计人员的资质和经验均提出了较高要求。

2. 对合同审核要求高

在抢险救灾项目中，不少合同的订立需要在短时间内完成，这要求在短时间内完成对承包人和发包人资质及签订合同的考察审查工作。因此，对合同管理提出了更高的要求。

3. 对采购协调要求高

由于抢险救灾项目的突然性，采购时间短、数量大，采购需求不明确，可能导致部分采购材料或设备不满足要求，给应急资源的协调分配增加了难度。

4. 对施工管理要求高

现场施工管理在EPC模式众多环节中最为重要。抢险救灾项目对进度、质量、安全等的要求很高，需要新型工业化、智慧化的建造技术辅助配合，这对施工管理提出了更高的要求。

2.2.4 抢险救灾工程建设需求来源

在收到险（灾）情信息通报后，应根据抢险救灾项目的响应等级不同，确立认定机构。以深圳市为例，应急响应为一级至三级的，市抢险救灾工程指挥机构为认定机构；应急响应为四级的，工程所属市、区行业主管部门为认定机构。

为更高效地推动抢险救灾工程建设，险（灾）情所属市、区行业主管部门会立即对发生或者可能发生的险（灾）情现场进行勘察，及时做好文字和图像记录。同时，抢险救灾工程认定机构可以组织相关部门、专业技术人员和专家进行评估。最终由抢险救灾认定机构、相关政府部门、专业技术人员和专家，针对项目的实际情况和预期目标，提出建设需求。

第3章
EPC模式在抢险救灾工程中的重要性与适用性分析

3.1 EPC模式与传统模式的对比分析

传统的施工总承包模式，从项目立项阶段至项目运行阶段，建设方基本上按照项目建设施工流程推进。而抢险救灾工程项目的建设，一般情况下均由政府部门牵头。在当前政府工程建设任务重、管理人员严重匮乏的背景下，若仍继续采用传统的承包模式，则不能很好地满足现实需要。引入EPC工程总承包模式后，可较大程度地提高项目运作效率，降低建设费用，有效解决当前建设管理人员不足的困境。EPC工程总承包模式与传统施工总承包模式的主要区别如表3.1-1所示。

EPC工程总承包模式与传统施工总承包模式对比　　表3.1-1

序号	对比项	传统施工总承包模式	EPC工程总承包模式
1	责任主体	较多	较为单一
2	主要特点	设计、采购、施工顺序推进，由不同单位承担	设计、采购、施工有序交叉进行，均由总承包单位负责
3	设计主导作用	不凸显，发挥不明显	凸显，充分发挥
4	设计、采购、施工的协调	建设单位统一协调	总承包单位统一协调
5	工程总成本	较高	较低
6	工程总造价	确定性低	确定性高
7	投资效益	相对较差	相对较好
8	进度协调控制	协调控制难度大	能实现深度控制
9	招标形式	公开招标	公开招标或邀请招标

序号	对比项	传统施工总承包模式	EPC工程总承包模式
10	投标竞争性	竞争性大	竞争性较弱
11	风险承担	双方共同承担	总承包单位承担较多
12	建设单位风险	大	小
13	建设单位管理费用	大	小

3.2 EPC模式在抢险救灾工程中的重要性分析

（1）在统筹管理方面：根据EPC模式的概念，总承包商对项目建设过程中质量、安全、工期和造价等全面负责。因此，EPC模式将工程建设中的大部分风险转嫁给了总承包商，比如投资超概算的经济类风险、材料涨价的外界风险等。总承包商需要承担的风险和责任变大，必须在既定目标内，通过先进的技术、全面的管理、丰富的经验来实现既定目标。为适应该模式，总承包商必须对自身的全面履约能力提出更高的要求，以此来提升统筹管理能力。

（2）在实施效率方面：抢险救灾工程最为突出的特点之一就是紧急性，对工期要求很高。而EPC模式能够充分发挥总承包商的集成管理优势，最大限度地实现设计、采购、施工各环节的衔接，以高效率、低成本、优质安全快速地实现建设目标。总承包单位直接承揽EPC工程的勘察、设计、采购、施工以及试运行等各个阶段，这要求总承包单位把设计优化、采购质量、快速建造等有机结合起来，从而实现设计、采购和施工的深度交叉和一体化统筹协调。通过"设计和施工同步""设计和采购同步""先施工后设计""先施工后采购"等多种模式有机结合，达到缩短项目建设工期的目的。

（3）在精简机构方面：对比传统模式，EPC模式下建设方只需要与EPC牵头单位进行对接，根据承包商的技术、报价、经验、管理等统筹选择优质合作商即可，避免了常规项目上建设方介于设计与总承包之间的专业技术协调问题，有利于协同各专业工作，便于集中管控，减少资源浪费，降低建设方在项目管理专业上的依赖程度，尤其对建设方不擅长的专业领域而言，极大地降低了其合同管理难度，减少了统筹协调工作，精简了管理机构。

（4）在资源配置方面：抢险救灾工程通常要求在短时间内完成资源调配。在EPC模式下，总承包商对建设工程的设计、采购、施工全过程负总责，对建设工程的质量及建设工程的所有专业分包人履约行为负总责。而建设方主要对建设条件、建设需求、技术条件等负责，建设合同关系相对简单，职责明确清晰。总承包商可以更好地集中自身优势，优化资源配置，在各个建设环节进行综合一体化的协调；建设方摆脱了工程建设过程中的杂乱事务，减少了资源占用与管理成本，避免了人员与资金的浪费。

（5）在组织协调方面：EPC模式在沟通链条上减少了建设单位多头对接、多头处理的情况，其单线沟通方式减少了组织协调的工作量，缩小了信息误差。项目涉及环节较多，由于设计、采购、施工均为同一单位或联合体，总承包单位可以综合考虑时间、空间因素，对设计、采购、施工等各环节所需的资源进行整体管控，从而在科学组织、积极协调的情况下，避免重要环节之间的矛盾，向专业工程师进行技术交底，解决施工期间出现的各种疑难问题，使整体工程建设质量得到优化提升。

3.3 EPC模式在抢险救灾工程中的适用性分析

抢险救灾工程的建设就是一项与时间赛跑的"战役"。总的来说，在这一类工程项目中采用EPC模式的主要原因在于能够将抢险救灾工程的设计、采购、施工有机结合起来，使整个项目的行动趋于一致，实现各要素的协调运行，高效完成项目建设。EPC模式在抢险救灾工程中具有的优势如图3.3-1所示。

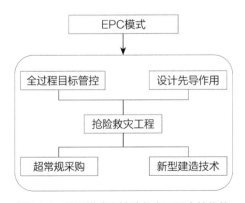

图3.3-1　EPC模式在抢险救灾工程中的优势

3.3.1 实现全过程的目标管控

1. 快速建造进度控制

（1）设计主动采用新型建造技术，从源头保证并形成快速建造技术体系。

（2）工厂保证生产，发挥EPC总承包商自有工厂或产业链的优势。

（3）资源调度保障，发挥总承包商集团优势，依托供应链集采平台，实现快速采购。

（4）智慧建造保证，全面应用BIM（建筑信息模型）、智慧工地等智能建造技术，助力工期控制。

（5）现场保证施工，采用立体交叉作业，统筹场内外交通指挥调度系统。

（6）在管理技术上，系统应用投资进度曲线、甘特图、状态图等管理工具，按小时进行倒排，实现了从宏观、中观到微观的超细颗粒的工期管控。

2. 快速建造安全管理

（1）EPC模式统筹安全管理，可做到全面覆盖、及时管控、力度饱和。

（2）建立适合快速建造的安全管理系统，严格贯彻安全方针，紧紧抓住安全管理保进度的核心要求，对"人机料法环"全要素进行安全管控，发挥党建铸魂、科技赋能的作用。

（3）对风险做到预判预警、快速响应。

3. 快速建造质量管理

（1）EPC模式有助于实现从设计、工厂到现场的全过程质量管控。将该模式下的管理形式与项目实际有机结合，实现对项目质量的系统管控。

（2）以EPC总承包商为管理核心，压实主体责任，采用分区一体化联手管班组，严格控制质量验收环节。

（3）以问题为导向，建立质量问题立项、督办，立办立结，日报日结，责任到人，问责升级等各项机制，全面保障项目建设质量。

3.3.2 发挥设计的先导作用

抢险救灾工程中，设计端的管理至关重要，设计不仅决定项目的造价，也决定项目是否满足抢险救灾的要求。抢险救灾工程的设计通常需求复杂、时间紧迫，一旦设计时间不可控，项目建设极有可能失去抢险救灾的意义。EPC模式恰恰能统筹设计和施工，缩短周期，极大地发挥设计的先导作用。设计过程中，EPC模式可有效把握快速建造的要求并及时反馈至设计端，采用先进的设计理念，在考虑产品功能、外观和可靠性等前提下，通过标准化集成设计提高产品的可制造性和可装配性。同时，从方案阶段到竣工交付全过程正向应用BIM设计，减少"错漏碰缺"，缩短设计时间，将模型、信息数据、图纸图标整合后，传递给生产和施工，以设计贯穿生产、施工、交付全过程，从源头上保证了项目的高质量和高效率。

3.3.3 保证超常规的采购需求

抢险救灾工程最大的特点就是紧急，若采用常规的采购模式，设计端在短时间内如果无法准确匹配到合适的供应商，将导致项目建设周期延长。而EPC模式可充分发挥总承包商的平台优势，利用成熟的供应链，统筹设计提前锁定采购源，保障供给能力，将采购工作提前至出图前端，实现超常规采购。

3.3.4 充分采用新型建造技术

EPC模式更有利于把握建筑业科技变革的趋势，实现对工业化、绿色化、智慧化以及国际化的新型建造的探索。以本书所涉及的项目为例，在工业化方面，应用模块化集成建筑技术，奠定了多层建筑快速施工的基础，其中两栋7层建筑44天建成，刷新了中国建造的新速度。此外，室内安装工艺的创新，全面采用模块化装修也为该项目快速建造提供了技术支撑。

第4章

EPC模式在抢险救灾工程中应用的措施及策略

4.1 应用依据与"五同步"措施

4.1.1 应用依据

目前，我国正积极推进EPC模式应用于各类工程（包括抢险救灾工程）的全过程建设中。相关的政策指导文件如表4.1-1所示。

推进EPC模式应用于各类工程的相关文件　　　表4.1-1

年份	机构	文件名称	相关内容
2017	国务院	《国务院办公厅关于促进建筑业持续健康发展的意见》（国办发〔2017〕19号）	加快推行工程总承包；装配式建筑原则上应采用工程总承包模式；政府投资工程应完善建设管理模式，带头推行工程总承包
2019	住房和城乡建设部、国家发展和改革委员会	《房屋建筑和市政基础设施项目工程总承包管理办法》（建市规〔2019〕12号）	建设内容明确、技术方案成熟的项目，适宜采用工程总承包方式
2020	住房和城乡建设部等九部门	《住房和城乡建设部等部门关于加快新型建筑工业化发展的若干意见》（建标规〔2020〕8号）	新型建筑工业化项目积极推行工程总承包模式，促进设计、生产、施工深度融合

从以上文件可知，新型建筑工业化项目、装配式建筑更适宜采用EPC模式。抢险救灾工程具有工期短、标准高、任务重、隐患多等特点，且均采用装配式建筑，因此EPC模式适合应用于抢险救灾工程中。

此外，根据相关市级抢险救灾工程管理办法，抢险救灾工程管理遵循统一领导、分类管理、分级负责、注重效率、公开透明的原则，由市、区专项应急指挥部和现场指挥部统筹指挥，由险（灾）情所属市、区行业主管部门或者抢险救灾指挥机构指定的部门负责具体组织实施，有关职能部门积极配合。因此，EPC模式能够满足抢险救灾工程管理的需求，这也是EPC模式应用于抢险救灾工程中的主要依据之一。

4.1.2 "五同步"措施

由于抢险救灾工程的紧急特性，EPC模式在全过程应用中采用"五同步"措施，即项目决策、设计、预算、采购、施工同步进行，其中项目设计、预算与采购属于项目准备。如图4.1-1所示。

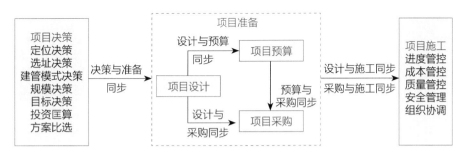

图4.1-1　EPC模式应用于抢险救灾工程的五同步措施

1. 项目决策与准备同步

抢险救灾工程的定位、选址和方案比选的决策时间较短，一般在确定选址和方案后，项目的建管模式、规模、目标等决策工作就将同步开展；并在完成投资匡算和方案比选后，参考同类项目经验及现有资源同步开展项目设计、预算、采购等准备工作。在项目准备的同时，建管模式、规模、目标等决策工作亟须深化，因此项目决策与准备是同步进行的。

2. 项目准备中的设计、预算与采购同步

在部分工期极为紧张的项目中，会在设计过程中同步进行项目概算。在项目设计与投资估算的过程中，项目采购组会尽量在预估预算的前提下，及时开展采购工作，以确保在设计完成、预算明确、基本采购完备的情况下，快速开展项目施工。

3. 项目设计、采购与施工同步

一般抢险救灾项目并非将全部设计图完成后，再进行项目施工，而是采取设计、采购与施工同步的方式。在工程实践中，常采用分阶段工作，即设计团队对不同阶段的工程内容并行设计，分批提供设计图纸，进而开展采购、施工和阶段性验收，最终通过总验收实现项目交付与运维。

4. "五同步"措施的应用

在项目不同阶段，"五同步"措施应用流程如图4.1-2所示。

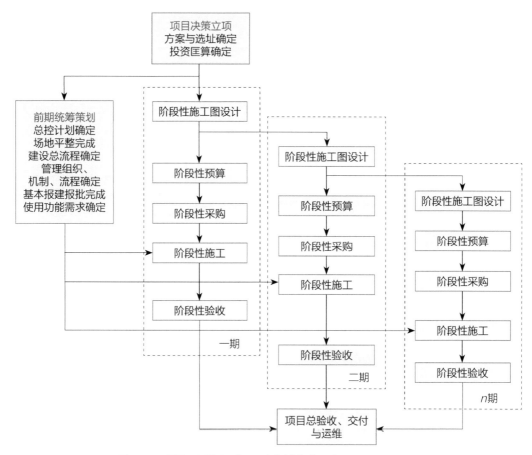

图4.1-2 项目不同阶段"五同步"措施应用流程

综合来看，五同步措施应用于EPC模式下的抢险救灾工程项目具有以下优势：

（1）能够充分实现决策、设计、预算、采购、施工端的多方面沟通与协调，明确各参与主体责任，促进主体间的理解，高效解决问题。

（2）能够在极限进度的条件下，优化设计方案，更好地控制项目进度、成本和质量，有效提高工作效率，缩短项目建设工期。

（3）各阶段施工完成后均有阶段性验收，能够有效缩短总验收时间，尽快保证项目交付与后期运维。

4.2 项目实践的关键策略

4.2.1 党建引领策略

1. 坚持贯彻"围绕项目抓党建、抓好党建促完成"的重要理念

在项目全过程中，始终以习近平新时代中国特色社会主义思想为引领，坚定不移地贯彻落实"党建第一"的原则。坚持党建理论指导的实践工作，不仅能够破除万难，解决项目中急难险重的各项问题，同时能够实现党建和项目建设的高度融合，提高工程建设的品质和效率。同时，项目临时党支部能引领工程项目建设，确保建设任务按期、保质、安全完成。

2. 推行"党建+"模式，高效稳步推进项目的决策与实施

深入开展"党建+生产""党建+安全""党建+关怀""党建+防疫""党建+服务"等活动。围绕项目一线建设，做到"哪里有短板，哪里有困难，哪里有需要，'党建+'就开展到哪里"。从工期进度、投资造价、质量、安全、疫情防控、人文关怀等方面，构建党建共享共治平台，极大地提升队伍凝聚力与战斗力，保障项目安全、高效、高质量推进。

3. 关键时刻凸显党员的先锋模范作用

越是面对急难险重的抢险救灾工程，越需要充分发挥项目建设管理一线党员领导干部的"头雁"作用、基层党组织的堡垒作用和党员的先锋模范作用。在党员的先锋模范作用带领下，人民群众能够统一思想，凝聚力量，有利于鼓舞士气、振奋人心。通过无声地传达"党旗所指、所向披靡"的必胜决心和强大力量，也将进一步提升党员及群众的干劲，促进项目高效率、高质量、高标准地完成。

4.2.2 组织管理策略

1. 构建"IPMT+EPC+监理"的创新组织管理模式

项目采取"IPMT（一体化项目管理）+EPC+监理"的创新模式进行建设管理，可通过IPMT扁平化组织架构打通项目管理各层级信息链，形成决策、管理、执行三层联动组织架构，做到纵向贯通、横向协调，大幅提升项目管理效率，充分实现专业化管理、高效率管理、高质量管理、标准化管理，在项目中不留盲区。

2. 设定超常规的"提级指挥—组织协调—监督"系统

设定超常规的提级指挥系统，有利于坚持全局思维，开展科学决策、精准施策，确保及时解决项目推进过程中的一系列问题，保障项目安全、高效、有序地推进。设定超常规的组织协调系统，有利于坚持系统思维，强化科学管理和科学支撑，即通过优化建设组织方式确保项目高效、顺利地推进。设定超常规的监督系统，有利于坚持底线思维，强化风险管理和物资保障，确保项目安全、高质量地推进。

3. 重点落实"三个维度"和"六个统筹"

在抢险救灾工程中，"三个维度"是指针对目标、过程及协同联动三个维度的管控措施。其中，从进度、质量、安全等方面提出管控目标，有助于全面、系统、有序地抓好各方面任务目标。

"六个统筹"是指针对工期进度、优势资源、现场管理、技术管理、策划部署和推进检查、监督检查和奖惩六个方面统筹措施。其具体措施及其优势如表4.2-1所示。

"六个统筹"的具体措施及其优势　　　　　表4.2-1

统筹方向	措施及其优势
工期进度	（1）全面掌控现场进度，有利于实时调整策略并作出决策； （2）通过装配设计、资源调度、新型建造技术、工序紧密穿插、交通科学调度等策略，保障现场施工组织； （3）控制节点和工期计划，分解细化责任目标，落实进度计划，压实主体责任
优势资源	（1）集中管理体制，有利于提前锁定人、机、料等资源； （2）利用优势资源，有利于人、机、料超规格、高效地进场； （3）优先选择分包资源中的核心供应商，退出机制明确
现场管理	（1）采取"四不两直"（不发通知、不打招呼、不听汇报、不用陪同接待，直奔基层、直插现场）现场督战方式，有助于推进重大风险预判、质量安全隐患排查及事项决策； （2）中心领导带队检查，项目组现场24小时值班巡查，采用分区一体化联手管班组，有助于督导现场进度、质量、安全等工作； （3）采用第三方派驻现场的嵌入式巡查模式，有助于项目安全、高效地推进； （4）施工单位优化组织设计，建立快速响应机制，有利于满足进度、质量、安全、文明施工等管理要求
技术管理	（1）采用装配式建造、绿色建造、BIM及智慧工地等新型技术，采用"6S"管理、"六微机制"等现场安全文明施工管理措施，以最大限度地提高现场技术水平及安全文明施工水平； （2）有针对性地开展管理人员和员工的培训、训练，有利于通过精细化管理弥补工人短板

统筹方向	措施及其优势
策划部署和推进检查	开展前期策划、提前部署工作、提升检查能力，有利于确保建设工作有序推进
监督检查和奖惩	加强合同管理，落实项目建设过程中及维保期间的监督检查，通过制度及合同条款中的考核评估和激励措施，发挥杠杆效应，有利于确保各项工作落到实处

4．积极采取"八大机制"

在抢险救灾工程中，"八大机制"包括密集调度机制、重大问题协调解决机制、日报清单机制、重大问题研判预警机制、事项销项机制、监管体系责任机制、风险防控分级和分区管控机制、巡查和考核奖惩机制。积极落实"八大机制"有利于高效率、高质量地完成抢险救灾工程。

4.2.3 流程简化策略

1．简化招标流程，快速发包

如果抢险救灾工程按照相关规定的程序开展招标投标则无法满足项目建设工期要求。因此，在招标投标阶段可优化工程计价模式和定标标准，采取直接委托或择优竞争的方式确定总承包单位。其他技术服务类单位可采用预选招标子项目委托方式完成。从而通过简化招标流程，实现快速发包和满足紧急工期的要求。

2．简化审批流程，加速开工

为确保工程快速、连续、高效地建设，要在保证工程安全质量的条件下，合理地缩减建设周期。依据地方抢险救灾工程管理办法的规定，在基本建设手续完善后及时开工，各有关部门在职权范围内依法对相关审批程序予以简化。

3．简化现场作业程序，提高施工效率

首先，可通过BIM正向技术、工厂预制拼接、部分工序深化排布等方法简化项目现场作业环境和程序，提高安装和装配效率，实现主体、工厂、装修和安装"四同步"。其次，可通过深化设计，简化工厂装修施工工序及管理流程，提高工作效率和材料利用率。再次，可采用标准化设计，简化施工工序及管理流程，提高生产效率。最后，可利用BIM施工模拟，简化施工工艺及施工技术，从而加快施工现场进度，确保在极限工期下高标准地完成建设任务。

4. 简化和优化变更流程，提高费用审核准确性和效率

考虑到抢险救灾工程的特殊性、极限进度约束等条件，可以参考与抢险救灾工程相关的工程变更管理办法，在工程管理平台审批流程的基础上，简化和优化变更流程，既保证变更效率，又能保证费用审核的准确。

5. 简化信息传递流程，促进设计与建造现场的高效对接

项目的设计生产与设计管理同步开展，将设计现场与建造现场合二为一，设计生产团队全专业驻场，减少信息传递的流程，保证信息的高效传递。同时，建立商定协同机制，即分专业形成小组，在明确的时机商定具体内容，点对点沟通，减少信息传递环节，提升效率。

4.2.4 资源调配策略

1. 按照集中资源的原则，建立四个层级的资源调配组织体系

项目可结合抢险救灾工程特点，建立省市政府资源调配组织、建设单位资源调配组织、项目现场联合指挥的资源调配组织、参建单位内部资源调配组织的四层资源调配组织体系，如图4.2-1所示。各层级组织的积极协调有利于资源的高效、精准调配，这也是能够顺利完成资源调配的关键。

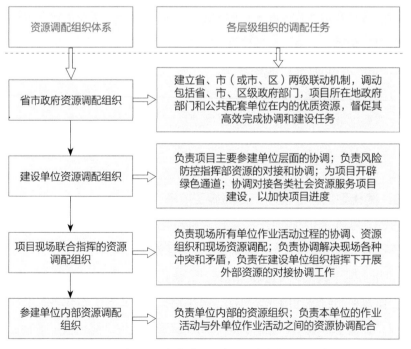

图4.2-1　资源调配组织体系及各层级组织的调配任务

2. 统筹多方渠道，保障资源调配的及时性

充分利用参考品牌库和战略合作伙伴的优势，预选供应商资源，并尽快实现优质材料设备的采购和安装。同时，动用各方资源，形成高效的组合分工，利用参建单位的供应商材料库，保证项目采购和供应的及时、高效，确保项目的顺利推进。

3. 总承包单位集中力量保障资源供应

在重点资源的招采过程中，需要总承包单位相关领导牵头，充分发挥系统内的集团作战优势，高效整合各类资源，提升项目招采效率。同时，可由建设单位为项目提供属地化资源，以解市政、抢险救灾设备等资源招采的燃眉之急。

4. 借助社会资源解决物资获取难和运输难等困境

在抢险救灾工程中，最难的关卡是获取和运输物资。在这种情况下，可及时转变思路，充分利用社会资源，比如供应单位不足时，可由招采组尽快联系社会资源供应；缺乏运输资源，可召集社会车辆或车队协助进行资源运输。这些灵活多变的方法可为物资获取和运输提供解决方案，进一步缩短工期。

5. 将资源招采充分嵌入前后端，服务设计和施工

在资源锁定后，保障供应商资源快速进场和物资储备的同时，将工作重心从招采转移至认质认价、商务履约等方面。根据资源准备情况，前端服务设计环节要修正设计方案以保证其合理性，提升效率、保障进度。后端将资源嵌入施工环节，协同施工团队梳理分包采购计划，跟踪并修正各方人、材、机资源现场投入，现场协调各分包方，有利于施工按照进度计划达成。

4.2.5 新技术应用策略

1. 装配式钢结构+模块化技术实现快速建造

在抢险救灾工程中，"装配式钢结构+模块化技术"的组合体系在实现快速建造方面具有优势，可以保证"打包箱"像拼积木般快速无缝拼接。设计方案在总体布局、功能单元的分割方面应与采用的箱体材料充分匹配，即充分利用装配式钢结构箱体超强的可变性和适应性，通过尺寸基本统一的灵活组合方式，柔性适配不同的设计使用需求。此外，装配式建筑安装操作简单、成熟，有利于大幅压缩工期、提升能效。装配式钢结构+模块化技术的建造实景如图4.2-2所示。

图4.2-2 建造实景

2."全过程、场景式"BIM智能建造技术提升项目效率

BIM技术可贯穿设计、施工、竣工等项目全过程。以现场场景化BIM应用为手段，以BIM成果解决现场实际问题为导向，开展项目全专业BIM实施与管理，可精准解决各阶段、各场景存在的问题，提升各个环节效率，大幅提升项目完成进度。设计阶段依托BIM技术，可强化设计检核，提前消除设计中的"错漏碰缺"；可在短时间内完成设计，并辅助进行设计交底与定案。施工阶段可利用BIM技术辅助施工场地规划、施工组织与协调、重点难点施工方案模拟优化、轻量化平台展示等。竣工交付阶段可利用BIM技术提交竣工模型及竣工资料。BIM技术辅助施工安装工序模拟如图4.2-3所示。

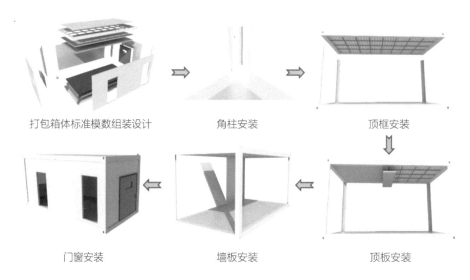

图4.2-3 BIM辅助施工安装工序模拟

3. 绿色建造技术推进环境保护与品质提升

2021年住房和城乡建设部办公厅印发的《绿色建造技术导则（试行）》中，明确规定了绿色建造总体要求、主要目标和技术措施。绿色建造是按照绿色发展的要求，通过科学管理和技术创新，有利于节约资源、保护环境、减少排放、提高效率、保障品质的建造方式。因此，在抢险救灾工程中采用绿色建造技术，既能统筹考虑建筑工程质量、安全、效率等要素，还能因地制宜，符合各项生态环保要求。

4.3 目标实现的管理策略

4.3.1 进度目标实现的管理策略

1. 充分考虑组织集成，采取"IPMT+EPC+监理"的建管模式

在组织集成中，监理单位履行全过程工程咨询职责。通过工程总承包和全过程工程咨询的组织集成方式，有助于大幅减少业主方直接面对工程建设单位的数量，有助于落实承包单位、咨询单位主体责任，减少推诿现象，提升项目运行效率。因此，为实现抢险救灾工程的进度目标，应充分考虑组织集成方式，采取"IPMT+EPC+监理"的建管模式，有助于项目快速推进。

2. 成立分工明确、加快推进项目进度的指挥部

为达成进度目标，需要建立能够快速调动资源、推进流程简化、支持新技术应用的指挥部。同时，指挥部应明确分工，可通过召开会议的形式迅速展开项目筹备工作，加快推进项目整体进度。

3. "分区网格化+关键工程专班化"的进度目标管理策略

一方面，分区网格化管理有助于在充分授权的前提下，将存在的问题就地解决、分头解决，从而缩短管理流程，有效推动项目进度。另一方面，关键工程专班化管理能够对进度压力较大的工程逐项击破，减少关键工程对其他工序的影响，确保各项工程在预定时间内完成。两种管理策略结合使用，有助于进度目标按时、保质达成。

4. 设计团队驻场，提升现场问题解决效率的进度目标管理策略

EPC设计团队和监理管理团队应全员全勤进驻工厂生产和项目现场，第一时间为工厂和现场解决设计与施工的技术问题，不间断地提供技术服务，

从而在源头保障设计品质与设计进展，确保项目的整体进度。

5. 灵活变阵的进度目标管理策略

采取灵活变阵措施是指根据现场资源调配能力、工期需求等，优先对重点工程进行资源倾斜。在总承包资源不足或能力极限的情况下，补充其他资源充足的专班进行兜底变阵，确保项目顺利完成。这种灵活的变阵思路，能够弥补常规施工的不足，同时最大化地发挥潜能，以完成进度目标。

4.3.2 投资目标实现的管理策略

1. 组建采购小组，推进投资目标控制的综合工作

通过组建采购小组，全面摸排资源，可加快招采进度，有力地保障采购进展。同时，采购小组可根据职责分工，全力统筹推进投资管控的相关工作，包括：会同项目组办理招标委托相关事务、制定投资控制工作方案和结算原则、总投资测算和相关合同的审核、落实建设资金、督办结算、对外协调工程造价监管部门等，从而保障投资目标的完成。

2. 快速制定有针对性的投资管控工作方案和结算原则报有关部门审定

通过提前调研适合抢险救灾工程的投资管控模式，结合项目管理实践经验和抢险救灾工程特点，对比分析各种计价模式（如固定总价、固定单价、成本加酬金等）的可行性、利弊和风险，研判对特殊工程造价影响较大的关键因素和非常规条件下的市场环境，综合考虑质量、工期、造价、特殊时期下的赶工和防控措施等要求，因地制宜、实事求是，精准地制定相应的投资管控工作方案和分类管理结算原则。基于此，进一步测算总投资和建设资金，有利于及时与各部门协调沟通后报政府决策审定，为项目建设快速推进提供资金保障。

3. 招采会同设计、现场管理共同进行市场摸底，实行限额设计管理，强化工程投资造价控制

通过招采、设计、现场管理的市场共同摸底，确保材料、设备参数及性能满足设计要求，同时保证采购的及时性。市场摸底也有助于把控投资成本，确保投资成本不超过预算。实行限额设计管理，可在满足项目定位、功能和使用需求的前提下，落实成本管控责任，加强建造成本精细化管控。

4. 全过程管控采购定价和现场记录

按照既定工作方案和结算原则，建设单位、总承包单位、监理单位、全过程造价咨询单位等应联合组建采购谈判、现场人工机械数量统计、结算等

工作小组。采购谈判小组全程参与专业分包、材料及设备等采购洽商谈判。现场人工机械数量统计小组全程记录并确认现场工日及机械台班实际发生量，同步做好量、价的全过程分析汇总及资料整理，为竣工结算提前做好资料准备。结算工作小组应提前筹划并推行过程结算，将竣工结算工作贯穿项目建设全过程。全过程管控采购定价和现场记录有助于实现资源的快速进场和竣工的快速结算，在高质量地完成投资目标的同时，进一步加快项目进度。

5. 与相关部门密切联系、协同工作，形成及时报备机制

加强建设全过程与相关政府部门的联系与沟通，争取相关部门对项目建设的理解和支持。首先，组织现场踏勘和调研，使相关部门充分了解和掌握工程现场实际情况；其次，及时就拟定的工作方案和结算原则向结算评审、造价主管部门汇报并征求意见，再根据意见予以调整完善；最后，定期向结算评审部门报备项目建设进展及相关管控情况等。这种及时报备机制的建立不仅有利于完成投资目标，也有助于进一步推进项目进程，提高建设效率。

4.3.3 质量目标实现的管理策略

1. 建立职责明确的"IPMT+EPC+监理"三方联动质量保障小组

在质量管理体系的指导下，建立"IPMT+EPC+监理"模式的质量保障小组，可为项目质量目标管理提供有效的组织保障。小组可通过加强现场巡查，落实分区，形成三方联动的质量管控机制，共同高效地管理项目质量。质量保障小组构成及其职责如图4.3-1所示。

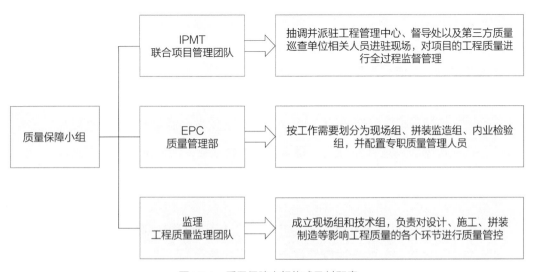

图4.3-1 质量保障小组构成及其职责

2. 明确"用户至上、策划先行、统筹设计、精细审查"的设计管理思路

在设计管理中明确用户需求，按照将每一个工程都建成精品工程的原则，发挥专业优势，加强组织协调，以有利于促进用户和设计单位的联系与互动，做到适应需求、引导需求、满足需求，从而提升项目品质，在工程高质量发展方面起到示范作用。

3. 采取"网格化管控+驻场监造+晚碰头"的质量目标管理机制

首先，可将项目划分成片区，形成网格化管控格局。①通过扁平化的组织架构，减少管理层级，提高管理效率；②管理力量下沉至现场一线，有利于及时发现并解决问题，确保关键部位和重点环节监控到位，提升质量管控工作成效；③各参建单位明确网格质量负责人，落实责任，进一步完善工作要求并形成压力传导机制。

其次，驻场监造可重点监控装配式建筑的出厂质量。为确保箱体拼装质量，项目组、督导处、第三方质量巡检单位、监理单位、EPC总承包单位均需安排质量管理人员常驻拼装场，从材料进场、过程管控、出厂验收等方面对装配式建筑的拼装进行全方位的质量管控。

最后，建设、总承包、监理三方可根据现场情况，通过"晚碰头"的形式，适时进行沟通协商，重点讨论存在的重大问题和主要工作内容；针对存在的问题，共同寻找解决办法；针对重要事项，提出技术、质量和安全管理要求。

4. 全面落实"三个维度""六个统筹"与"八大机制"，将"事前预防、事中控制、事后总结"贯穿于施工阶段质量管理的全过程

重点落实组织管理策略中的"三个维度""六个统筹"与"八大机制"，确保质量目标的顺利实现。同时，在设计、采购、施工三个阶段均采取积极的质量目标管理措施。在施工阶段的质量管理过程中，要做到"事前预防、事中控制、事后总结"，不断提升项目质量控制水平和能力。始终以提高一次成优率为质量管控要点，提前制定验收标准，强调重点工序交接制度，及时总结并反馈问题，减少不必要的返工，提高施工效率，保障快速建造。

5. "现场人员质量交底+施工工序与方法质量管控+环境质量管理+项目移交验收管理"的全过程质量目标管理措施

利用现场人员质量交底、施工工序与方法质量管控、环境质量管理、项

目移交验收管理等质量目标管理措施，全面提升工程质量。具体的管理措施及其优势如表4.3-1所示。

全过程质量目标管理措施及其优势　　　　表4.3-1

措施方向	具体措施及其优势
现场人员质量交底	（1）总承包单位对班组的早交底有利于施工方明确现场施工的注意事项，监理方明确当日工作检查的重点部位； （2）项目参与各方内部交底，有利于提升现场监理工程师"一专多能"的素养，有效避免单一专业人员的管控疏漏，确保现场施工质量。同时，可有效避免施工返工，从而显著提高工程质量及进度，提升工程品质
施工工序与方法质量管控	（1）材料进场验收及取样送检，有利于在确保工期的前提下，实现随到随验收，确保进场材料品牌、规格、尺寸满足要求，同时有助于复检； （2）多方联合巡检，严格执行"三检"制度，有利于确保各工序紧密衔接和对重要工序的质量控制； （3）加强现场控制，关键工序专项巡查，有利于确保关键部分及工序的工程质量合格； （4）编制质量管控策划，有利于明确现场检查验收的标准和依据，同时也对施工工艺、标准和方法进行了统一； （5）强化第三方质量检测，保证工程质量，有利于全过程监测现场施工质量，以确保检测结果的客观、公平和公正； （6）做好事后总结工作，有利于不断弥补质量缺陷，尽快解决项目施工中存在的质量问题； （7）采用"三查四定"（检查设计漏项、检查施工质量、检查未完工项目；定任务、定措施、定人员、定时间落实整改）的方式，有利于全面实现专项整改
环境质量管理	（1）引进环境治理单位，有利于提升空气质量，优化建筑环境； （2）联动工区、机电配合，有利于严格按照标准对开启新风和空调的环境进行检测，避免污染严重的工序可能造成的检测失效； （3）采用通风+烘烤模式，有利于确保环境通风顺畅； （4）积极对接检测中心，有利于加快推进室内环境检测工作
项目移交验收管理	（1）率先启动、靠前开展质量查验工作，有利于倒逼现场的收尾工作进度，为移交前的全面整改争取时间； （2）拟定质量查验管理办法，开展自查工作，并对自查问题及时进行整改。整改完成后，立即滚动进行二轮查验，确保百分之百整改完成，以保障项目质量目标的完成

4.3.4 安全目标实现的管理策略

1. 提前开展项目安全风险研判和分级，审查论证危大工程方案，落实核查机制

可根据项目现场不同施工阶段面临的不同风险因素和风险等级，提前开展安全风险研判，动态识别安全风险因素，确定风险等级。通过项目安

全风险专题研讨的形式，提前拟定安全风险防范和应对措施，有利于防微杜渐。

同时，提前梳理项目中危险性较大的分部分项工程（即"危大工程"）及其规模级别，针对风险性较大的工程特点，编制专项安全施工方案，罗列风险性较大施工条件前置清单，及时完善风险性较大工程施工前的技术、人员、设备、培训教育等各项准备工作。成立危大工程的技术审核把关队，对危大工程开工条件验收清单进行逐项确认，从而保证项目中不发生危大工程风险，确保项目安全实施。

2．成立安全保障小组，推行以网格化责任制为基础的"楼栋长制"

成立安全保障小组，由组员和外部专家常驻现场，协助开展日常安全巡查及隐患督查督办工作。安全保障小组和工程管理中心技术部还可一起成立安全巡查小组，依托于项目独立开展安全文明施工管理工作，统筹整合现场管理资源，推进安全生产工作。这有利于提升问题发现与反馈的时效性，确保现场隐患即查即改，动态清零，全面减少事故风险。同时，可通过网格化确定"楼栋长制"，安全把控施工，高效推进项目建设。

3．推行多层级安全巡查考核机制，采取"两班工作+夜晚工作巡场"的监督制度

项目组、监理单位、总承包单位和第三方安全单位人员可共同成立违章作业纠察队，每日带班巡查，制定现场安全巡查考核机制。同时，为确保抢险救灾工程按期完成，可实行两班工作制。针对夜间施工安全风险增加等不利情况，还可建立每日安全夜巡工作机制，即每晚固定时间由项目组、监理单位、总承包单位共同对施工现场进行全面排查，并对夜班各时间段现场工作面、人工、材料和机械等作业情况进行监督，从而确保夜晚工作安全。

4．落实常态化"六微机制"，以"6S"管理为基础开展安全管理

"六微机制"是指落实安全责任机制、教育培训机制、隐患排查机制、专题学习机制、技术管理支撑机制和奖惩机制，以树立工作人员的安全意识，实现常态化的安全管理。"六微机制"的具体措施及其优势如表4.3-2所示。

机制方向	措施及其优势
安全责任机制	（1）组成安全监督管理处，有利于总承包单位与现场分包单位的综合协调； （2）每周召开安全领导小组会议，有利于了解每周安全生产情况； （3）明确现场各楼栋安全生产主体责任人，实行楼栋长制安全管理制度，确保安全生产责任到人、责任到楼层，有利于各参建单位明确并履行职责与分工，加强自主管理
教育培训机制	（1）定期开展项目危险源辨识和评估工作，监督落实风险分析管控交底，提高项目全员对危险源的辨别管控能力； （2）建立安全生产培训教育台账，编制专职安全管理人员培训计划，组织每周及每日安全教育会，发掘现场安全隐患根源，强化个人安全意识
隐患排查机制	（1）落实项目领导班子带班检查机制，有利于每日的全面排查； （2）每日组织各参建单位安全负责人及安全员集合巡场，有利于确保每栋楼的全方位安全； （3）每月编制计划，开展午间巡场，保障全天安全监控巡查； （4）定期编制专项检查计划，对各条线专业分包单位进行安全专项检查，有利于加强各专业安全管理
专题学习机制	（1）开展每日部门碰头会，针对分部分项工程进行专题学习； （2）项目管理人员下沉至一线，有利于提前预判安全生产危险因素并制定管控措施； （3）在每个安全生产节点前组织学习研讨，增强全员安全意识，有利于安全计划的超前部署； （4）采用分析讨论方式，组织员工开展案例分析，有利于员工提升安全意识、增加安全知识和提高安全管理能力
技术管理支撑机制	针对性地制定施工组织设计和专项施工方案，履行好相关技术方案的论证审批制度，落实作业指导书的编制和培训工作，有利于实现组织设计和技术方案的尽快落地
奖惩机制	（1）建立各参建单位的自我约束机制，统一制定安全生产现场评估考核标准，有利于提升管理效能； （2）做到奖罚分明、执行到位，侧重过程奖惩，同时开展安全管理人员评选、召开奖励大会、奖励张榜等活动，既可提升员工遵守安全的自豪感和成就感，也有利于构建安全争先的创优氛围

以"整理（Seir）、整顿（Seiton）、清扫（Seiso）、清洁（Seiketsu）、素养（Shitsuke）、安全（Safety）"为主要内容的"6S"管理（图4.3-2），通过建立系统的安全管理体制、重视员工的培训教育、实行现场巡视排除隐患，可为施工现场提供有序、洁净的施工场地，保障施工的安全目标。此外，通过"6S"管理还可落实文明施工整洁责任，打造明朗干净的施工环境，大大减少风险源，将不易发现的风险隐患点暴露出来，有利于及时采取针对性措施进行消除，减轻现场安全压力。

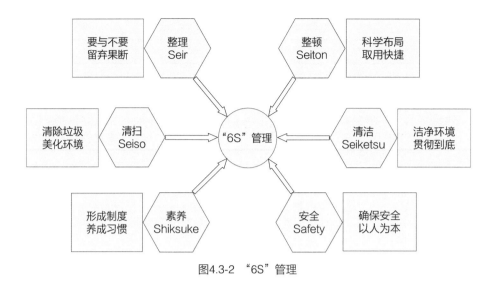

图4.3-2 "6S"管理

5. 先进电子仪器及智慧工地系统助力项目高效安全施工

施工现场可采用电子仪器（汽车起重机吊钩可视化装置、塔式起重机吊钩夜视激光垂直仪、电梯人脸识别系统等）辅助现场安全管理。此外，还可运用智慧工地系统实现全方位监控现场施工进度与安全；利用"千里眼"管控功能实时监督不安全行为；利用AI技术和现场热成像技术进行火灾监控，从而实现以科技促安全、以安全促生产。

6. 根据不同抢险救灾工程的特点，结合实际，提出安全目标管理措施

为实现安全目标管理，还需要结合抢险救灾项目的特点（如：重大公共卫生事件等），提出安全目标管理措施。以新冠疫情下修建的应急医院为例，施工过程中可能存在病毒感染等风险，因此，需要建立疫情防控小组、开展核酸检测与体温检测、对施工现场进行消毒等，确保在疫情期间高效、安全、健康地实现项目建设目标。

综合来看，"党建引领—组织管理—流程简化—资源调配—新技术应用"的全过程实践关键策略与"进度—投资—质量—安全"目标实现的管理策略具有重要联系，即关键策略服务于目标实现的管理策略。在关键策略的应用下，抢险救灾工程有望实现更快进度、更准投资、更优质量、更加安全的建设目标。

第5章
EPC模式在抢险救灾工程中的全过程应用

5.1 项目的科学高效决策

5.1.1 科学高效决策的关键要素

抢险救灾工程具有工期紧迫的特征，决策者需要最大限度地发挥项目组织能力，确保项目在最短时间内启动和完成。资源有限性也是抢险救灾工程决策的重要考虑因素。为提高资源利用效率，决策者不仅要确保项目定位与抢险救灾的需求相匹配，还要确保项目选址能够满足紧急救援的要求，将有限的资源优先投入到最关键的救援任务中。同时，决策者需要选择灵活高效的建管模式，以适应抢险救灾工程中动态变化的情况。在建设目标的确定方面，抢险救灾工程的应急特征决定了项目建设应在保证质量和安全的前提下以进度为最高优先级，但在追求进度的同时需要兼顾投资目标控制以及建设的规范性。此外，由于工期紧迫，抢险救灾工程通常需要采用并行施工的方式，即在项目不同阶段同时进行设计、采购和施工等工作。这要求决策者对建设方案进行综合决策，确保各项工作有序进行，资源得到有效利用。因此，决策者需要充分考虑抢险救灾工程的特征，从决策指挥团队、项目定位、项目选址、建管模式、建设目标和建设方案等方面，进行科学高效的决策，其关键要素如表5.1-1所示。

抢险救灾工程科学高效决策的关键要素　　　　表5.1-1

决策内容	关键要素	要素释义
超常规设定决策指挥团队	高配、集成、完善、优质	高配：高规格配置干部人选和项目岗位； 集成：从组织设计的角度充分考虑决策与实施集成，设计、采购与施工过程集成； 完善：建立决策指挥、协调调度、监督考核机制； 优质：选取最适合抢险救灾工程实施的决策指挥团队参与建设

决策内容	关键要素	要素释义
精准决策 项目定位	服务需求契合、 服务特点突出	服务需求契合：项目的定位应与服务对象的实际需求相契合，满足其特定需求； 服务特点突出：在定位中突出项目的特点和优势，强调项目的创新性及先进性
合理决策 项目选址	救援效率高、 资源充足、 交通便利	根据地理条件、救援资源充足性和交通便捷性等因素，合理选择项目选址，确保选址能够满足紧急救援要求，有效避免灾害扩大
灵活建立 建管模式	集中管理、 联合作战	多家单位共同协调决策，减少信息传递成本，快速发现问题、分析问题、解决问题，实现设计、施工、资源调度和现场管控等多条关键线路的快速决策和指挥
准确确定 建设目标	进度快速、投资 合理、质量一 流、安全文明	紧密关注灾区救援需求，在确保工程质量和施工安全的前提下，以进度为最高优先级，同时兼顾投资目标控制
综合决策 建设方案	快速响应、高效 执行	在资源有限的情况下，灵活调整建设方案，确保项目能够快速启动并高效执行，以最大限度地保障抢险救灾工程的成功实施

5.1.2 决策指挥团队的超常规设定

1. 超常规设定决策指挥团队的重要性

在抢险救灾工程中，由于时间紧迫，决策指挥团队必须迅速作出反应。决策指挥团队承担着决策和指挥救援工作的重要职责，其迅速响应能力直接关系到灾区救援效果和人民的生命财产安全。因此，超常规设定决策指挥团队是十分重要的。只有超常规设定的决策指挥团队才能在紧急情况下作出高效决策，并能快速启动应急预案，组织救援队伍，调配资源，从而以专业而有序的方式开展救援工作，最大限度地减小灾害带来的影响。超常规设定的决策指挥团队应具备丰富的实践经验和专业知识，能够迅速判断灾情，并采取适当的救援措施，确保救援工作高效开展并取得成功。决策指挥团队的快速反应能力和专业救援能力能够为灾区提供及时有效的救援支持，保障群众的生命财产安全。

因此，超常规设定决策指挥团队在抢险救灾工程中的重要性不言而喻，他们的专业能力和高效决策能力将为抢险救灾工作的成功开展和受灾群众的生命财产安全提供坚实的保障。

2. 超常规设定决策指挥团队的原则

为高效组织和指挥抢险救灾工作，最大限度地减小灾情带来的影响，保障受灾群众的生命财产安全和社会稳定，决策指挥团队的超常规设定需要遵循以下原则：

（1）迅速响应。决策指挥团队必须具备迅速响应的能力，能够在短时间内作出决策并启动应急预案，以应对灾情带来的突发情况。

（2）资源调配。决策指挥团队需要具备灵活调配资源的能力，能够迅速调动医疗设备、物资和人力等资源，以满足抢险救援的紧急需求。

（3）风险评估。决策指挥团队应能全面评估灾情对救援工作的影响和风险，科学制定应对策略和决策方案，以确保救援工作高效展开。

（4）沟通协调。决策指挥团队应能与相关部门、组织和社会力量积极沟通协调，形成合力，优化资源配置，提高救援效率。

3. 决策指挥团队的组织架构

抢险救灾工程的决策指挥团队强调"统一指挥、一线指导、统筹协调"，其组织架构如图5.1-1所示。

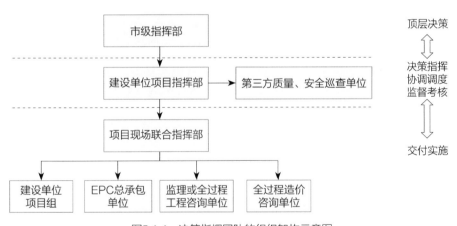

图5.1-1　决策指挥团队的组织架构示意图

市级指挥部负责建立工作机制，制定工作方案和工作预案，推进抢险救灾工作的落实。建设单位项目指挥部可下设一线项目组以及招标商务、材料设备、工程督导、后勤保障、项目协调等多个工作小组，为项目建设提供强有力的组织保障。项目现场联合指挥部以建设单位项目组为核心，联合EPC总承包单位项目部、监理或全过程工程咨询单位项目部、全过程造价咨询单位组成。整个决策指挥团队形成矩阵式管理网络，三线并进，协同运转。

4. 决策指挥团队的工作流程

抢险救灾工程实施过程中，由于一般没有成熟的先例可供参考，各参建单位的建设团队几乎没有相关建设经验。此外，项目可获取的资源受到很多限制，不能按照常态化市场支撑下的工程设计、施工来组织资源，很多设计、施工工作要在强资源约束条件下开展"按供设计""按供施工"。同时，在资源强约束前提下，各项人工、材料和设备的价格飞涨。因此，针对抢险救灾工程的相关决策事项，决策指挥团队要执行个别酝酿、集体讨论、民主集中、专家把关的重大问题决策机制，其工作流程如图5.1-2所示。

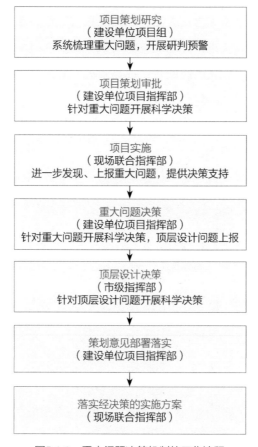

图5.1-2　重大问题决策机制的工作流程

5.1.3 项目定位的精准决策

1. 项目定位的精准决策流程

抢险救灾工程的定位是项目建设的核心，为确保项目在紧急情况下高效应对灾害需求，需对项目定位进行精准决策。决策流程如表5.1-2所示。

步骤	决策流程	主要内容
步骤1	同类项目调研	组织进行同类项目的资料收集和实地考察，研究同类项目的特征、发展趋势、使用功能、外观造型、优缺点、造价指标、技术特点、建设工期、运营情况等，并将调研结果形成报告
步骤2	使用需求调研	基于权威数据和灾情评估，采取问卷调查、座谈会、案例研究、专家咨询等方式，准确确定使用需求
步骤3	项目现状调研	了解项目的土地权属和相关手续办理情况，对土地现状、周边市政设施等情况进行实地调研，了解是否存在危险边坡治理等情况，对地质条件、边坡治理情况等可能造成的项目不确定性、投资增加、建设周期延长等进行充分评估
步骤4	相关政策调研	根据项目属性种类及地理位置，了解相关政策法规、地方规定及制度以及地方政府对片区开发的总体指导思想，尽可能摸清政策边界条件
步骤5	项目定位确定	邀请相关领导、专家和其他关键利益相关者参与会议，共同探讨项目的愿景、目标、服务范围、投入预算、所需资源等；通过集思广益，确保项目的定位得到各方的共识和支持

2. 项目定位的精准决策案例

【例5.1-1】　项目一，平急转换酒店项目的定位

该项目定位为国内大型具备防疫隔离功能的钢结构高装配率永久建筑。

【例5.1-2】　项目二，大型应急医院项目的定位

该项目定位为以三甲传染病专科医院、三级综合医院医疗配置为建设标准的应急临时医院。

5.1.4 项目选址的合理决策

1. 合理决策项目选址的重要性

抢险救灾工程的选址是一个非常复杂的过程，需要综合考虑诸多因素，包括灾情紧急性、资源可用性、交通条件、人口密度等。项目选址的合理决策有助于提高救援效率，确保抢险救灾工程的成功实施，保障受灾群众的生命安全和财产安全。选址不当则可能导致救援效率低下、资源浪费。因此，科学、准确、迅速地选址是抢险救灾工程顺利实施的重要保障。然而，抢险救灾工程选址的决策过程却充满挑战。灾害发生的突发性导致数据获取困难、信息传递和资源调配难度大。面对资源匮乏和灾区人口密度大等复杂情况，必须通过合理的选址缩短响应时间，以保障抢险救灾工程的成功实施。

2. 合理决策项目选址的基本原则

（1）符合国家、地区和城乡规划的要求。

（2）满足项目对原材料、能源、水和人力的供应以及生产工艺要求。

（3）遵循节约和效益的原则，尽力做到降低建设投资，节省运费，减少成本，提高利润。

（4）遵循安全原则，考虑防洪、抗震、防地质灾害及防战争危害的要求。

（5）遵循实事求是原则，基于对多个现场的调查研究，进行科学分析和比选。

（6）节约项目用地，尽量不占或少占农田。

（7）注意环境保护，以人为本，减小对生态和环境的影响。

3. 合理决策项目选址的注意事项

（1）应贯彻执行国家的方针政策，遵守有关法规和规定。例如，应避开国防军事禁区、空港控制范围区，泄洪或洪水淹没区，以及地下可能存在文物的场地。

（2）应听取当地政府主管部门［如规划、建设、安全消防、土地管理、环境保护、交通（港口、铁路、公路）、地质、气象、水利、电力、文物管理等部门］的意见。

（3）应充分考虑项目法人对选址的意见。

（4）在工程地质条件方面，应尽可能避开不良地质现象发育且对场地稳定性有直接危害或潜在威胁的区域、地基土性质严重不良的区域、可能发生地震危险的区域、洪水或地下水对建筑物有严重不良影响的区域、地下有未开采的有价值矿藏或未定的地下采空区及泥石流多发区等区域。

（5）应避开对工厂环境、劳动安全卫生有威胁的区域。例如，有严重放射性物质或大量有害气体、有传染病和地方病流行、有爆破作业的危险区域。

4. 项目选址的合理决策案例

【例5.1-3】 项目一，平急转换酒店项目的选址

该项目先后研究了26个选址意向，并对以下条件进行了考察：项目交通是否方便人员转运、用地产权是否明确、土建条件是否会增加额外工程量、远期规划是否考虑平战转换等。同时，按照不同的选址情况，对项目的规模和技术方案进行不间断推演。例如，机场旁的某选址意向，其用地面积约45万m^2，场地开阔平整，便于施工组织，全部采用多层建筑即可满足项目床位要求。但由于产权问题，后续未考虑该地块。最终，确定了另外两个地块；考虑到用地面积的局限性，采取高层建筑与多层建筑相结合的形式，以满足床位数量要求。

【例 5.1-4】 项目二，大型应急医院项目的选址

项目初期共有6处位置供决策层选定，总计可提供约5万个床位，其中3处可建造重症医院。然而在6处位置中，5处位置距资源发起地较远。由于项目属于跨境作业，所有人员、物资均需要通过海关边检提前进行报关、清关。经过充分研判，长途且大批量物资过境，海关的消纳量有限，无法满足当前项目建设工期的需求。经过设计强排，最终决策确定了位置、环境最有利于建设和使用的选址。

项目选址确定后，随着各方研究工作的深入，项目建设总指标也发生了变化。开始确定床位数为300张，按单层建筑考虑。经过多轮探讨后，明确项目按1000床应急医院建设，分两期交付，并额外建设10000床方舱医院，要求30天内先交付500床应急医院以及配套医护人员用房和设施。随着设计指标的变化，建设地块的用地规模也在逐步变化：由24公顷，增加至41公顷，之后又增加了12公顷拓展面积，合计使用面积达到53公顷。项目选址的用地规模变化如图5.1-3所示。

（a）原定选址用地面积 　　　　　（b）用地面积24公顷

（c）用地面积41公顷 　　　　　　（d）用地面积53公顷

图5.1-3　项目选址的用地规模变化

考虑到传染病防治和重症救治的具体情况，该项目的选址最终确定为原有医院现址西侧。项目建成后可以就近依托既有的医院医疗团队力量，便于利用既有医疗资源和长期运行管理。根据场地现状，综合当地主导风向等多方面因素考量，总体规划形成从南至北，由洁到污的功能分布，形成A地块、A+B地块和优化后B地块三种方案，如图5.1-4所示。

图5.1-4　A地块和B地块航拍图

由于A地块（约2万m²）无法安排1000张床位，经进一步测绘、平面规划，各参建方共同讨论得出A+B地块方案，可实现总床位1000张，其中B地块800张，A地块200张。但研究讨论发现，A+B地块方案有两个缺点：一是流线太长且散，医疗流程不合理；二是同时占用A、B两地块，不利于土地的集约利用。经过重新调整思路，对A、B两地块现场情况进行深化研究后，提出将B地块扩大，对规划布局予以完善，入口调整至地块中间，右侧为ICU、手术室、实验室，左侧为病房（图5.1-5）。经过方案优化迭代后，整个流线变得更加顺畅。在A地块建设医学研究中心实验室等功能建筑，通过A地块的东南部与原医院连接成为一个整体，有利于应急院区的长期运作和管理。

B地块处于区域下风向。B地块应急院区作为第一阶段（20天工期目标）建设，与原医院、周边居民区等均可保持足够的防护间距。且B地块相对较为独立，有利于开展大规模的施工建设。该项目一共分为三大功能区，即医疗区、辅助用房区和宿舍办公区，功能齐全，自成系统，采用2560个装配式箱体拼装完成，建成后可提供1000张床位，实现传染病集中收治、集中治疗的功能。

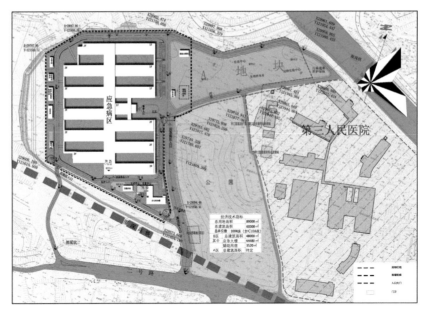

图5.1-5　项目三总平面示意图

5.1.5 建管模式的灵活建立

1. "IPMT+EPC+监理"建管模式的优势

抢险救灾工程应充分考虑组织集成，以实现应急项目的进度目标。事实证明，采用联合作战的建管模式，即"IPMT+EPC+监理"建管模式是有效的组织集成方式。该模式可大幅减少业主方直接面对的工程建设单位数量，落实承包单位及监理单位的主体责任，减少推诿扯皮现象，提升工程运行效率。建设单位、监理单位、EPC总承包单位共同协调决策，能够减少信息传递成本，快速发现问题、分析问题、解决问题，实现设计、采购、勘察、造价、施工、供应商管控等多条关键线路的快速决策和指挥。如图5.1-6所示。

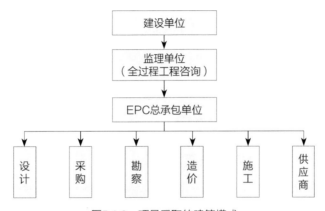

图5.1-6　项目采取的建管模式

2. "IPMT+EPC+监理"建管模式的组织结构

"IPMT+EPC+监理"建管模式是一种"统分结合、联合作战"的项目管理模式，其核心在于形成了图5.1-7所示的组织结构。在该组织结构下，建设单位、EPC总承包单位、监理单位（履行全过程工程咨询职责）形成矩阵式管理网络，三线并进，协同运转。

图5.1-7 三条线矩阵式并行组织结构

3. 建管模式的灵活建立案例

【例5.1-6】 项目一，平急转换酒店项目的建管模式

该项目采取适合快速建造的"IPMT+EPC+监理"的建管模式，通过组建三个层级的IPMT一体化管理团队，建设单位、EPC总承包单位和监理单位（履行全过程工程咨询职责）共同协调决策。

【例5.1-7】 项目二，大型应急医院项目的建管模式

该项目采用"IPMT+EPC+监理（履行全过程工程咨询职责）"建管模式，由建设单位统筹策划，监理单位协助统筹策划并协调统筹策划方案的执行，EPC总承包单位全面实施。

【例5.1-8】 项目三，医院扩建临时应急医院项目的建管模式

该项目采用工程总承包与全过程工程咨询相结合的建管模式。为控制工程投资额，项目还聘请了全过程造价咨询单位。

5.1.6 建设目标的准确确定

1. 项目建设目标的确定依据及流程

1）确定依据

抢险救灾工程建设目标的确定是基于紧急性需求、资源限制、高质量

建设要求、人员安全和社会稳定等多方面的科学合理考虑，以确保在灾害发生后，项目参与方能够高效、有效、安全地展开抢险救援工作，最大限度地减小灾害造成的损失和影响。抢险救灾工程的建设目标主要有进度目标、投资目标、质量目标和安全目标，其确定依据主要包括以下几方面。

（1）抢险救灾工程的紧急性需求。抢险救灾工程具有紧迫性，必须在有限的时间内迅速响应灾害。因此，为了确保在灾害发生后能够迅速展开工作，迅速恢复受灾区域的基础设施和生活条件，需要将"进度快速"作为建设目标之一。

（2）有限资源的有效利用。抢险救灾工程通常受到资源的限制，包括人力、物资和资金。因此，为了强调资源的高效利用，以确保项目能够在有限资源下有效推进，最大限度地满足抢险救灾的需要，需要将"投资合理"作为建设目标之一。

（3）项目高质量建设的要求。虽然抢险救灾工程要求迅速完成，但质量仍然应该是一个关键考虑因素。因此，为了在紧急情况下保证项目建设质量，确保项目的长期效益和可持续发展，需要将"质量一流"作为建设目标之一。

（4）人员安全和社会稳定。抢险救灾工程的建设可能存在多种风险因素，在项目的实施过程中，必须重视人员安全和社会稳定。因此，为了在项目推进过程中减少事故风险，维护社会秩序与和谐，需要将"安全文明"作为建设目标之一。

2）确定流程

综上可知，抢险救灾工程的建设目标可确定为进度快速、投资合理、质量一流与安全文明。为更好地确定上述建设目标，可参考同类项目建设目标、以往项目建设经验以及国内外类似项目相关文献等资料。项目建设目标确定的简要流程如下。

（1）项目环境分析。分析抢险救灾工程的建设环境，包括项目定位、建设规模、组织系统、使用者需求等。

（2）项目难点及风险分析。分析项目建设可能面临的困境及其制约因素，了解项目建设的潜在风险及其可能产生的后果，并制定应对措施。

（3）明确项目总体目标。根据对项目难点及风险的分析结果，对项目建设的总体目标进行决策。

（4）建立项目目标体系。根据总体目标及项目实际需求，确定项目的进度目标、投资目标、质量目标和安全目标，并对项目目标的具体内容和重要性进行表述。

2. 确定"进度快速"目标的必要性

相较抢险救灾工程，传统项目的建设周期一般较长，包括规划立项、方案审批、设计、招标、施工、验收等阶段。但抢险救灾工程具有紧急性等特征，决策者必须确定"进度快速"的目标，并将工期目标作为关门目标，其原因如下：①灾害发生后，时间对于救援工作至关重要，迅速采取行动可以最大限度地挽救生命，确保生命安全至上；②快速行动可以遏制灾情扩大，减轻灾害带来的损失，保护人民群众的生命财产安全；③快速响应可以提高抢险救援的效率，避免浪费时间和资源，使抢险工作更加有序、高效；④决策者确定"进度快速"的目标还能够传递信心和希望，让受灾群众感受到国家的关怀与支持。因此，在抢险救灾工程中，非常有必要充分管理人力、物力、财力等资源，并采用"倒推法"明确各项关键工作的完成时间节点，以实现项目的快速建造。

3. 确定"投资合理"目标的必要性

抢险救灾工程在确定投资目标时，面临着同步设计、同步采购、同步施工，工期极限压缩，所需材料设备种类多且技术要求复杂等情况。因此，设计、施工及采购都难以按常规建设程序组织实施，人力成本及材料设备、施工机械等的采购价格高于日常水平，导致投资控制和工程造价管理无法完全按照一般情况下当地抢险救灾管理办法所规定的工程造价计算规定执行。因此，在充分发挥集中管理专业优势和汇总管理经验的基础上，抢险救灾工程必须以"投资合理"作为目标，结合项目建设的特殊性，协同各方，制定非常规工作机制，针对性地快速分析、研判投资目标和全过程造价管控措施，尽可能降低风险，保障各项工作有序推进。合理的投资目标也能够确保投入产出比合理，实现资源利用的最大效益，保证抢险救援工作的可持续性和稳健发展。通过确定"投资合理"的目标，决策者能够更好地履行社会责任，将有限资源用于最关键的领域，满足受灾群众的急切需求，给他们提供关爱和支持。

4. 确定"质量一流"目标的必要性

抢险救灾工程的工期紧迫、功能复杂且涉及面广，所需专业系统及设备较多，其复杂性客观上增加了抢险救灾工程的质量管控难度，比一般建设项目更具挑战性。抢险救灾工程的目标是满足最终用户的功能需求和使用价值，并符合设计要求及相关规定、规范以及工程合同规定的质量标准。在面对紧迫的工期和复杂的功能需求时，各参建方责任主体必须以"质量一流"作为目标，有效预防和正确处理可能发生的工程质量事故。在"质量一流"目标指导下，优质建造是抢险救灾工程的必然任务。通过优质建造，可以确保抢险救灾工程的设计和施工符合高标准，有效降低质量风险，提高救援工作的可靠性和成功率。

5. 确定"安全文明"目标的必要性

抢险救灾工程具有管理幅度大、施工区域广、工期紧迫等特点，要求必须在有限的时间内实施全作业面立体交叉作业。同时，抢险救灾工程涉及大量危险性较大的分部分项工程，如起重吊装、拆除等，且面临着数量庞大的作业人员素质不一的问题，因此施工安全风险较大。若安全管理不到位，很容易导致安全事故，使工程使用功能受损甚至无法正常发挥作用。此外，抢险救灾工程还要随时应对自然灾害带来的风险，如寒潮、暴雨等，这些都将增加安全施工的难度。

因此，确定"安全文明"的目标对抢险救灾工程十分必要。在时间紧迫的情况下，"安全文明"目标的确定能够强化施工人员的安全意识，有效降低施工风险，避免事故发生。同时，注重安全文明施工可以提升施工人员的职业素养，确保他们正确执行安全规程和操作流程。通过全面的安全管理，能有效预防和化解潜在的安全风险，保障施工顺利进行，实现工程质量的高标准。只有确定了"安全文明"的目标，抢险救灾工程才能在高风险的情况下确保施工过程安全实施，最大限度地保护受灾群众和施工人员的安全。

6. 建设目标的准确确定案例

总结三个项目案例的建设目标如表5.1-3～表5.1-5所示。

项目一（平急转换酒店项目）的建设目标　　　　　表5.1-3

序号	内容	目标
1	进度管理	合同工期4个月，2021年12月31日交付使用
2	投资管理	结算不超概算
3	质量管理	施工质量合格，争创"鲁班奖"
4	安全文明管理	现场安全零伤亡，疫情控制零感染，争创省安全文明标准化工地

项目二（大型应急医院项目）的建设目标 表5.1-4

序号	内容	目标
1	进度管理	开工时间：2022年3月6日 完成时间：2022年5月5日
2	投资管理	结算不超概算
3	质量管理	合格
4	安全管理	零事故、零伤亡

项目三（医院扩建临时应急医院项目）的建设目标 表5.1-5

序号	内容	目标
1	进度管理	开工时间：2020年1月31日 完工时间：2020年2月19日
2	投资管理	资金保障、投资可控、经济指标合理、快速结算
3	质量管理	按平战结合原则建设一座功能完备的传染病应急医院
4	安全管理	零伤亡

5.1.7 建设方案的综合决策

1. 建设方案综合决策的内涵

抢险救灾工程的建设方案综合决策是指从技术、经济、环境、社会等方面，对项目的工程方案、技术方案、节能与环境保护方案、污染处理方案等两种以上可能建设方案的科学性、可能性、可行性进行论证、排序、比选和优化，最终满足抢险救灾工程建设需求。

2. 建设方案综合决策的原则

（1）适用性原则。拟决策的建设方案必须考虑方案对使用方的适用性（包括原材料、人力资源、环境资源等），适应抢险救灾工程"险""快"的特点。

（2）可靠性原则。拟决策的建设方案必须是成熟、稳定的，能够充分保证材料的质量性能和项目的生产能力，并且可以在满足抢险救灾工程建设目标的前提下，防范和避免因建设方案产生的资源浪费、生态失衡、人员安全受危害等情况。

（3）经济性原则。根据项目的具体情况，从投资费用、劳动力需求量、能源消耗量、最终成本等方面，对备选的建设方案展开比选，反复比选后选择相对最优的建设方案。

（4）技术、经济、社会和环境相结合原则。对建设方案进行综合决策时，要统筹兼顾技术、经济、社会和环境等方面，权衡利弊。

3．建设方案的综合决策案例

【例5.1-9】 项目一，平急转换酒店项目的建设方案

（1）主体结构。将模块化钢结构集成建筑大范围应用于多层建筑，突破了常规仅用于2～3层的应用局限，是全国首个达到7层模块化钢结构的案例。其中Ⅰ标段项目多层建筑采用叠箱-钢框架结构体系，客房区域采用箱体模块化拼装方式，交通核区域采用钢框架结构拼装建造。Ⅱ标段项目7层酒店主体结构由钢结构模块化集成建筑、钢结构框架体系以及预制混凝土走廊板组成。

（2）给水排水。为提升应对重大突发公共卫生事件能力，并做好医学隔离观察临时设施的建设工作，系统采用进水预消毒+出水二次消毒，以保证出水安全。核心处理工艺采用泥膜耦合处理工艺，微生物量大，非常适应于医院排水水质水量波动大的特点，处理效果稳定，且出水水质远优于传统医疗废水排放标准。污水处理过程中不可避免地会产生废气，系统对废气进行了全面的收集，并且采用等离子消毒，杜绝气溶胶感染的隐患。

（3）通风。酒店（含宿舍）采用集中新风系统，设初效过滤器，新风经过热湿处理后送入室内。不同清洁区域的空调、通风系统独立设置，避免空气途径的交叉感染。客房空调、通风系统按单间模块化设计，各房间相对独立，套房改造时无须调整空调通风系统。服务于客房的新风机组及排风机均采用变频机型，可实现由隔离房间（微负压）向普通客房（微正压）的快速转换。高层酒店客房及公共区域的空调、通风系统均按照竖向高、中、低分区设置，既满足防疫期间分区通风要求，又满足疫情后运营灵活使用；在淡季时可仅启动一个或两个分区，节约能耗。

（4）机电。机电设计标准化体系以完整的建筑产品为研究对象，更注重基于BIM技术的机电管线集成技术，实现设备管线的集成化、标准化和模块化，以达到工业化生产和建设目的。通过机电管线分离技术，采用立管外置、架空地面、轻钢龙骨隔墙、集成吊顶等，将机电管线隐藏，实现与主体结构的分离。模块化机电设计采用工厂预制、现场拼接的方式，主要考虑装配式机房、整体功能区、模块化管道井、模块化机电管线、综合支吊架等方面，极大地改善了机电施工质量及速度，同时可保障施工安全。

（5）建筑。为满足快速建造、经济性及建筑防火规范要求，多层酒店建筑高度控制在24m以内，层数为7层；高层酒店建筑高度控制在60m以内，层数为18层。此外，建筑立面以快速建造和耐久性为原则，采用单元式幕墙做法，在保证隔离人员住宿安全的同时满足装配式建造要求。立面主要材质为多种颜色的金属铝板及双层中空钢化Low-E玻璃，旨在提升项目品质，加强对隔离人员身心健康的全面防护，打造高品质应急酒店建筑集群。

【例5.1-10】 项目二，大型应急医院项目的建设方案

（1）主体结构。采用"装配式钢结构+2560套模块化集装箱"的设计方案，以实现快速建造。设计方案充分利用装配式钢结构箱体超强的可变性和适应性，通过不同的组合方式，柔性适配不同的设计使用需求。装配式安装操作简单、成熟，地上部分现场安装基本无湿作业，在大幅压缩工期的同时更有助于保护环境，提升能效。

（2）给水排水。由于工期紧张，普通污水处理设计难以满足条件，因此项目选择采用地上集装箱设备，使用"前置过滤器+深度脱氮系统+消毒系统+生物除臭"的污水处理系统，保证出水、臭气等稳定达标。此外，项目化粪池基坑所在区域土质条件差，在施工过程中，原提升井区域在开挖的过程中出现了基坑变形，不能满足短期内安全施工要求。通过连夜研讨修改设计方案，项目在满足规范要求和正常使用的条件下，减少了化粪池个数，调整污水提升井位置，以保障按期安全交付。

（3）通风。项目的护理单元、办公、宿舍、方舱等功能房间空调均采用变频冷暖分体空调。要求安装分体空调的各房间冷凝水不可随意排放，房间空调冷凝水单独穿箱体底接至架空层汇集，总管加存水弯接入排水管，统一处理后再排放。室外机设置在架空层或室外。医技区域采用分体空调+直膨式全新风机组，避免交叉感染。此外，为确保气流有序流动，减少交叉感染，防止异味和污染空气无序流窜，通风设计在传染病医院的三区医疗流程基础上做了更细的划分，按清洁区、半清洁区、半污染区、污染区分区设置独立通风系统。负压病房及其卫生间共用一套排风系统，病房设一套送风系统；医护走廊及病房缓冲间共用一套送风系统。

（4）电气。相对于传统支架明敷避雷带的做法，本项目利用金属屋面作为接闪器，既不破坏建筑外观效果，还能够节约造价，缩短工期。屋面为复合压型钢板，其内衬及下方均无可燃物，金属板厚度不小于0.7mm，被覆

层厚度小于0.5mm，连接采用搭接、卷边压接、缝接、螺栓连接等方式，保持永久的电气贯通。金属屋面、钢檩条连成电气整体，并与作为防雷引下线的钢柱焊成电气整体。同时，利用墙钢柱作引下线，引下线间距沿周长计算不大于18m，沿建筑物四周均匀对称布置，上与接闪器、下与接地体连接。

【例 5.1-11】 项目三，医院扩建临时应急医院项目的建设方案

（1）主体结构。为确保装配式箱体建筑功能的完整实现，考虑运输方便、制作周期短、拼装组合灵活性高等因素，采用"标准化模块+钢制装配式构件"的组合技术。应急院区病房、卫生间、缓冲间、走廊等均采用标准化模块设计，最大限度地与集装箱规格尺寸匹配，便于选材及加工，提升安装效率，全面保证施工进度。楼梯、坡道、室外台阶等患者频繁使用的交通设施均采用钢制装配式构件，由工厂加工，现场组装，保证衔接流畅，使用便利，安全美观。

（2）给水排水。为保证按时供水，从市政供水管网安装试压、加压泵房安装调试、给水泵房安装调试到室内管网安装试压、整体卫浴五金龙头洁具安装层层分解，逐级落实。为满足快速建造、快速使用的需求，集装箱建筑采用成品轻钢箱体模块拼接。为解决单个箱体自防水、箱体拼缝防水等突出问题，设计管理中心组织箱体供应单位、EPC总承包单位共同协商，逐一论证箱体的各种开洞方案，确定了二层屋面防水系统及管道穿墙防水封堵技术，成功解决了双层集装箱体的防水问题。

（3）通风。通风系统从风管到风机、从支架到保温、从配电到控制，从风口到风阀依次安装，依次调试，从风量平衡调到风速压差，实现通风及病房负压。负压病房送（排）风系统的过滤器设置压差检测或报警装置，并设置同一个通风系统；房间与总送（排）风系统主干管之间的支风道上设置电动密封阀，可单独关断，同时远离污染源。排风高效过滤器安装在排风口处。

（4）机电。为保证按时通电，在快速完成外电箱式变电站供电的同时，从低压配电室箱体发运、吊装就位、低压配电柜基础支座到电缆敷设、试验压接，各个节点逐个跟踪推进。采用进线电缆设置在箱体底部架空空间内的做法，既减小了走廊电缆敷设对支架体系的负荷压力，又降低了电缆施工的难度。

5.2 项目的全面快速准备

5.2.1 全面快速准备的关键要素

项目准备是为项目勘察、设计、施工创造条件的阶段。抢险救灾项目的全面快速准备包括系统合理的前期统筹策划，运用先进技术的勘察勘测，以人为本的高标准设计，以及统筹多方资源的协同招采等。

5.2.2 系统合理的前期统筹策划

1. 总控计划

总控计划是抢险救灾项目建设进度控制的重要技术文件，是科学、系统管理项目的依据。按总控计划执行是质量、投资和进度三大管理环节的中心，是实现项目进度目标和投资目标的关键，对抢险救灾项目来说非常重要。例如，依据总控计划编制并应用网络图、甘特图、矩阵图等，在项目进度管理与投资管理中可发挥重要作用。

抢险救灾项目从启动到交付使用的过程包含前期决策、设计及材料设备采购、施工、验收四个阶段工作。其中，合理、可行的总控计划是提高工作效率、降低工作强度、顺利推进抢险救灾项目的关键。以前述大型应急医院项目为例，其总控计划如图5.2-1所示。

2. 管理机制

为确保抢险救灾项目各项管理目标能够顺利实现，项目建设开展前，须建立八大机制：密集调度机制、重大问题协调解决机制、日报清单机制、重大问题研判预警机制、事项销项机制、监管体系责任机制、风险防控分级和分区管控机制、巡查和考核奖惩机制。

（1）密集调度机制

按照时间铺满、空间有序的原则，全过程保障人、机、料等资源供给配备，全方位统筹材料设备进场、作业面及作业时间，保障资源密集调度，实现抢险救灾项目的科学推进。

（2）重大问题协调解决机制

包括抢险救灾项目所在省市领导现场调研、超前决策，项目建设单位靠前指挥、全链条把控项目系统等内容。根据问题推进和需协调事项难度，分层级组织召开协调推进会。

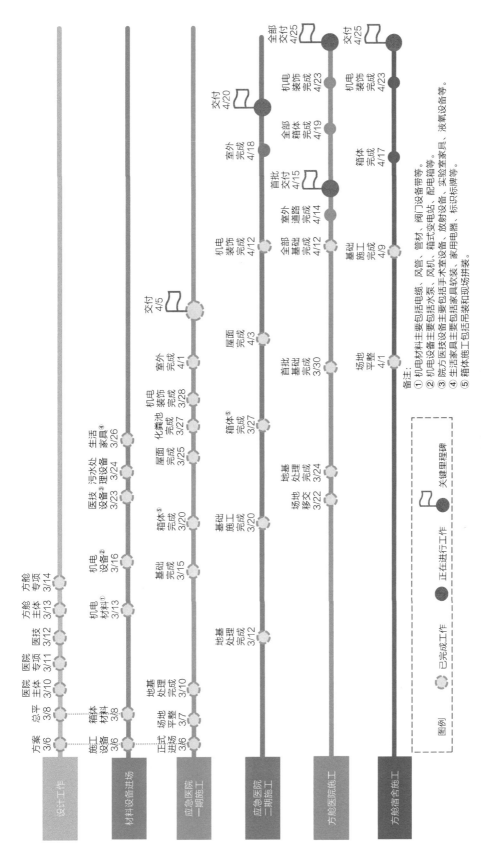

图5.2-1 大型应急医院项目总控计划

备注：
① 机电材料主要包括电缆、风管、管材、阀门设备带等。
② 机电设备主要包括水泵、风机、箱式变电站、配电箱等。
③ 院方医污设备主要包括手术室设备、放射设备、实验室设备、液氧设备等。
④ 生活家具主要包括家具软装、家用电器、标识标牌等。
⑤ 箱体施工包括吊装和现场拼装。

设计工作
材料设备进场
应急医院一期施工
应急医院二期施工
方舱医院施工
方舱宿舍施工

设计工作
方案 3/6 · 总平 3/8 · 医院专项 3/10 · 医院专项 3/11 · 医技 3/12 · 方舱主体 3/13 · 方舱专项 3/14

材料设备进场
施工设备 3/6 · 箱体材料 3/8 · 机电材料① 3/13 · 机电设备② 3/16 · 医技设备③ 3/23 · 污水处理设备 3/24 · 生活家具④ 3/26

应急医院一期施工
正式进场 3/6 · 场地平整 3/7 · 地基处理完成 3/10 · 地基处理完成 3/12 · 基础完成 3/15 · 箱体⑤完成 3/20 · 机电装饰完成 3/28 · 室外完成 4/1 · 交付 4/5

应急医院二期施工
场地移交 3/22 · 地基处理完成 3/24 · 箱体⑤完成 3/27 · 屋面完成 4/3 · 机电装饰完成 4/12

方舱医院施工
首批基础完成 3/30 · 全部基础完成 4/12 · 室外道路完成 4/14 · 首批交付 4/15 · 室外完成 4/18 · 交付 4/20 · 全部交付 4/25

方舱宿舍施工
场地平整 4/1 · 基础施工完成 4/9 · 箱体完成 4/17 · 全部箱体完成 4/19 · 机电装饰完成 4/23 · 机电装饰完成 4/23 · 交付 4/25

图例
已完成工作
正在进行工作
关键里程碑

第5章 EPC模式在抢险救灾工程中的全过程应用

（3）日报清单机制

包括督办事项清单、现场事项各类清单、项目周报、项目日报等内容。根据项目交办事项、现场推进事项、新增需求事项等，制定事项清单，落实督办，每日汇报项目进展情况，通过精细化的管理把控抢险救灾项目的高质量建设。

（4）重大问题研判预警机制

每天对可能存在的、影响项目进展的重大问题进行收集、整理，确立应对方案及快速决策机制。如发现项目存在组织管理、工程技术等重大目标管控风险，须第一时间对风险进行梳理、上报及处置解决。

（5）事项销项机制

为确保发现的问题及时得到解决、会议决策能够落地，应制定问题立项销项清单，根据清单进行动态跟踪，对设计和施工质量、施工安全、投资控制、现场进度等情况进行检查跟踪，以确保抢险救灾项目正常推进，按计划竣工。

（6）监管体系责任机制

包括搭建EPC总承包单位和监理单位管理团队，认真落实合同管理，强化监理旁站工作实效等内容。抢险救灾工程应以质量安全为底线和红线，综合考虑造价、工期、环保等条件，经过综合评估，选定EPC总承包单位、监理单位及造价咨询单位，强化合同管理和履约。

（7）风险防控分级和分区管控机制

抢险救灾项目在项目设计及建设期间应充分考虑风险防控。以项目一（平急转换酒店项目）为例，该项目风险防控分级和分区管控机制包括封闭式管理及"三区两通道"设计，建设期间严格落实"三区两控"管理要求等内容。

（8）巡查和考核奖惩机制

包括全过程压实主体责任，针对性强化重点管控，全方位细化技术交底，常态化落实督导抽查等内容。

3. 报建报批

作为抢险救灾工程，首先要确保按照抢险救灾工程的要求完善报建手续。以深圳市政府抢险救灾项目为例，根据深圳市政府对于抢险救灾工程项目同步办理有关审批手续的要求，结合《深圳市抢险救灾工程管理办法》的规定，抢险救灾工程可以在开工后完善相关手续。此外，抢险救灾工程，比如永久建筑，应保证房屋产权的合法性，需发展改革、规划自然资源、住建等部门突破原先的政策边界，拿出解决办法和意见进行协调。

4. 使用功能需求

项目使用功能需求是开展设计工作的前提。抢险救灾项目需结合项目自身性质、用途，依据相关使用单位或者主管部门提出的建筑功能需求函件来统筹需求清单。

5.2.3 运用先进技术的勘察勘测

工程总承包单位应根据合同要求主持开展地质勘察工作，为后续设计工作提供基础资料。而抢险救灾项目所在地的地质条件普遍不佳，原始条件较为复杂，勘察勘测工作量很大。比如，项目所在地的地质条件差，且勘察建设期间处于雨季；项目勘测区域内树木稠密，建筑物形状各异，施工场地平整区域内需清障、移除的工作量大。因此，抢险救灾项目应依托先进技术实现快速勘察勘测。

1. 运用3D快速测算的勘察勘测

利用无人机航拍技术，采集包含GPS（全球定位系统）信息的大量照片，通过建立三维云数据模型，在模型中选中相关区域，由软件快速计算出挖方及填方量。根据土方量平衡原则，计算出最优的设计地坪高度，大幅减少现场开挖及转运土方量，以节约工期和成本。土方量3D快速测算技术，可在1个工作日内完成10万m^2的土方计算，且能保证较高精度，为勘察设计提供有力支撑。以前述医院扩建临时应急医院项目为例，其云计算模型如图5.2-2所示。

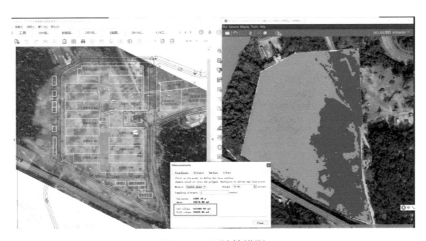

图5.2-2　云计算模型

2. 运用BIM模拟技术的勘察勘测

利用BIM模拟技术，结合场地标高等场地勘察数据，对现有场地、道路等进行全方位建模，并在此基础上考虑如何利用现状环境，设计、选择最优的土方运输等交通流线。

5.2.4 以人为本的高标准设计

1. 以施工进度为主线的设计

抢险救灾项目以施工进度为主线，根据项目特点和工程承发包模式，摸底设计沟通对象，理清沟通协调的关键点，促进承包单位联合体的设计、施工高度集成与深度融合，推动设计工作与施工工作同步启动。比如平急转换酒店项目（以下简称"项目一"）仅用14天完成首版全专业施工图；大型应急医院项目（以下简称"项目二"）设计团队24小时轮班工作，采取分阶段出图，12天完成应急医院区、生活配套区主体专业施工图。

2. 兼顾人性化和舒适性的设计

抢险救灾项目建设的直接目的是保障人民群众的生命与财产安全，需遵循"以人民为中心"的设计理念，设计中应兼顾人性化和舒适性。

以项目一为例，项目在设计时通过各类物理模拟进行性能化设计，采用一体化装修，选用绿色建材，从规划布局、景观设计等方面着手提供健康舒适的居住体验。例如，建筑规划布局满足日照标准要求，保证居住舒适性；整体景观设计遵循快速建造、分区设计、隔离防疫、平战转换原则，引入大量绿植景观，确保景观植物四季开花，营造山地自然疗愈的景观氛围。

以项目二为例，项目在病房房型设计、无障碍设计、室内装饰设计方面积极满足患者和医护人员的需求，竭力做到人性化与舒适性：病房设计采用单人间、两人间房型，方舱医院设置双人间、三人间房型，充分满足不同类型患者的入住需求。各病房配备独立卫浴，室内设计光面平整，病房中均配备变频冷暖分体空调和通风系统；无障碍设施充分考虑患者的需求，大到无障碍缓坡广场、风雨连廊及电动感应推拉门，小到护理单元病房卫生间助力扶手、淋浴坐凳及呼叫按钮，尽显人文关怀；景观设计融入色彩心理学，营造自然疗愈的景观氛围，促进院区人员的身心健康。综合来看，设计细微之处尽显人文关怀。

3. 高标准设计

抢险救灾工程从项目一开始，就明确要求必须确保质量，打造优质工程，突出高标准设计。

以项目一为例，项目在疫情时期可满足各类隔离人员的居住需求，疫情后可作为酒店或宿舍等居住建筑使用。项目在设计阶段依照"平战结合"原则，充分考虑未来使用功能转换衔接，为后续使用需求预留条件，其高标准的设计将提供优质的居住空间，做到只需少量改造即可投入后续运营，实现项目社会效益和经济效益的统一。

以项目二为例，项目根据各方需求，在医院扩建临时应急医院项目（以下简称"项目三"）的基础上提高了标准。增加了ICU病床、复合手术室和检验用房，增加了生活配套设施的建筑面积，提高了高流量供氧病房配置设计标准。

5.2.5 统筹多方资源的协同招采

由于抢险救灾项目属于"设计、招采和施工同步"，招采要在设计敲定方案后开展。为保障施工，招采要在最短的时间内让人员、设备、材料等进场，因此夹在设计和施工之间的招采工作时间十分紧张。同时，抢险救灾项目中的人员、材料和机械又以超常规为主，若最大化满足资源需求、放开材料品牌库，则可能导致材料品牌一致性难以把握。

1. 简化招采程序，快速推进资源进场

抢险救灾项目采取传统的招标投标程序将无法满足建设工期的规定。在项目招标过程中，可参考已有项目的发包经验，采取直接委托的方式明确抢险救灾项目的监理方，在不降低招标标准的情况下，减小复杂的招标程序对招标进度的影响。简化的招采程序有助于各项资源的快速进场，推进项目的快速建设。

2. 统筹多方渠道资源，满足采购需求

统筹抢险救灾项目中的建设单位、EPC总承包单位、监理单位、咨询单位等多方渠道资源，充分发挥各自专长，协同招采满足采购需求。建设单位应全面统筹招采工作，提供资金保障。比如，项目三由建设单位成立材料设备组对项目采购工作进行统一管理，同时充分利用建设单位参考品牌库的优势，充分利用其战略合作伙伴、预选供应商的资源，实现优质材料、设备的采购和安装；EPC总承包单位负责施工图预算，确定主材及设备数量与价格

清单，编制竣工结算；监理单位参与结算管理并配合竣工决算；咨询单位编制结算原则，承担材料认价与出具投资控制报告等工作。通过统筹多方渠道资源，促进多方联动配合，协同招采，进而满足采购需求。

5.3 项目的高速推进建设

5.3.1 高速推进建设的关键要素

抢险救灾工程的特殊性使施工现场的环境更加复杂，给现场施工管理工作带来了极大的挑战。高速持续的施工是实现抢险救灾工程需求的重要手段和路径，必须加强对项目施工的目标把控。目标主要分为四个维度：进度、质量、成本和安全。在进度管控上，制定明确的施工进度计划，并采用一系列策略确保在规定的时间内必须完成任务；在质量保证上，统筹现场管理，整合各方力量形成工作合力，严格控制施工过程中各个环节的质量；在成本控制上，加强项目在施工阶段的造价管理，及时比对实际投资（概算、预算、变更费用等）与估算投资差异，实现成本的动态监控；在安全保障上，建立权威高效的战斗指挥体系，综合协调各参建单位，明确职责分工，全力确保安全目标的实现。

5.3.2 总控引领及技术支撑的进度管控

抢险救灾工程的进度目标一般由上级单位根据受灾情况或抢险救灾的需求来确定，包括启动的确定日期和交付的确定日期。进度目标一旦确定以后，对项目实施单位而言就是刚性的，必须完成任务。依据抢险救灾工程的进度目标和总控进度计划可制定具体的施工进度计划，并严格执行。

1. 流程简化，奠定基础

（1）政策保障，专班领导

抢险救灾工程的性质决定其具有高度的政治站位和迫切的建设需求。必须加强此类项目报批报建的政策性支持，在流程合规的基础上以政策作为保障。同时以专班推进的机制确保工程的推进，通过各级领导亲自挂帅组建工作专班，极大地缩短流程，简化机制，及时决策，确保工程建设资源的快速集结和部署启动。

例如，项目一由市级政府等26个部门组成项目建设专班；项目二成立了专班组，由市级政府41个部门组成。按照本市抢险救灾工程管理办法的规定，基本建设手续可以在开工后完善，各有关部门应当在职权范围内依法对相关审批程序予以简化。在各级专班的领导和协调下，4个月的时间即完成项目一的全部建设工作；51天完成项目二的竣工交付。

（2）简化程序，快速发包

在承包单位的选择上，结合抢险救灾工程的特殊性，按照相关规定的程序开展公开招标投标显然不能满足项目建设工期目标要求，必须简化程序，通过直接委托或邀请招标的方式，快速选定优质企业。

例如，项目一通过优化工程计价模式和择优竞争定标标准，邀请具有同类项目建设经验且取得成功业绩的大型骨干企业参与投标，采用择优竞争的方式选定EPC总承包单位，其他技术服务类单位采用建设单位预选招标子项目委托的方式完成委托；项目二直接由政府、专班等统一决策，采用直接委托的方式确定具有丰富应急项目管理经验的施工、设计单位作为本项目的EPC总承包单位。

2. 计划强化，确保根本

（1）分解计划，强调细化管控

各级管理部门成立计划管理专班，拉通管理面对项目总进度计划进行统筹管理。根据总控计划制定里程碑节点目标，并对其进行详细分解，形成各分区及各专业的施工计划；按照"简单化、可视化"的原则，编制资源配备计划。

同时，为了更直观、更方便地管理施工现场进度，可编制不同专业的可视化进度表。通过可视化图表一目了然地掌握施工进展状况，确保总进度计划不可突破。

（2）运用工具，实现综合管控

运用"三图两曲线"管理工具，对进度和费用目标进行综合管控。"三图两曲线"一般指网络计划图、甘特图、矩阵图、形象进度曲线和投资进度曲线。其中，网络计划图和甘特图为常规计划管理工具，矩阵图是形象进度统计工具，投资进度曲线是以费用管理中挣值法的进度曲线理论为基础衍生的管理工具。

在网络计划图的实际应用过程中，首先，应确定项目"节点（任务）集"；其次，应明确前置节点（任务），以体现网络关系。以项目一为例，其网络计划图如图5.3-1所示。

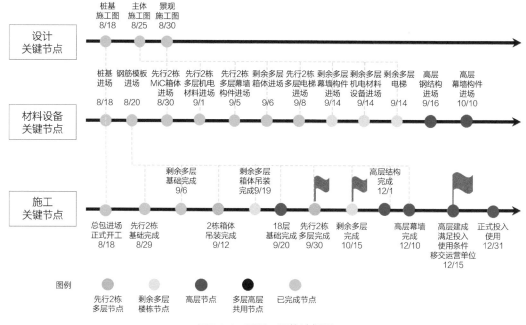

图5.3-1 项目一网络计划图

甘特图是在网络计划图的基础上，对进度计划再进行细分，以此来把控施工的关键线路。同时，甘特图与矩阵图产生关联，便于将进度计划与实时的进度形象进行对比。项目一进度计划甘特图如图5.3-2所示。

矩阵图可形象直观地反映某个时点下，建筑工程各工作面上各工序的完成状态。宏观上，通过颜色可直观反映形象进度总体现状，迅速发现尚未动工或进度滞后的区域，聚焦红色区域，查找进度滞后工区和工序原因；微观上，能够对比累计完成投资比例和计划完成投资比例，进而量化判断项目建设的总体进度与计划相比是持平、滞后还是提前。项目二施工过程中的矩阵图如图5.3-3所示。

形象进度曲线是为了更直观地展现工程的整体进度。例如，项目一按项目全周期、年度、季度分别编制了形象进度曲线，其中全周期曲线以季度为单位，年度曲线以月为单位，季度曲线以周为单位。如图5.3-4所示。

投资进度曲线是通过对计划工作预算费用和已完成工作实际费用之间的对比来实现费用和进度的综合控制，还可以根据当前的进度、费用偏差情况，分析原因，对趋势进行预测。

例如，项目二在施工期间，通过编制每栋楼的计划投资完成曲线，将每天现场实际统计的完成工作量转化为完成投资，统一数据口径，每天进行对比分析，从投资的角度反映现场的施工进展情况，为项目团队采取措施和调

          EPC模式在抢险救灾工程中的探索与研究

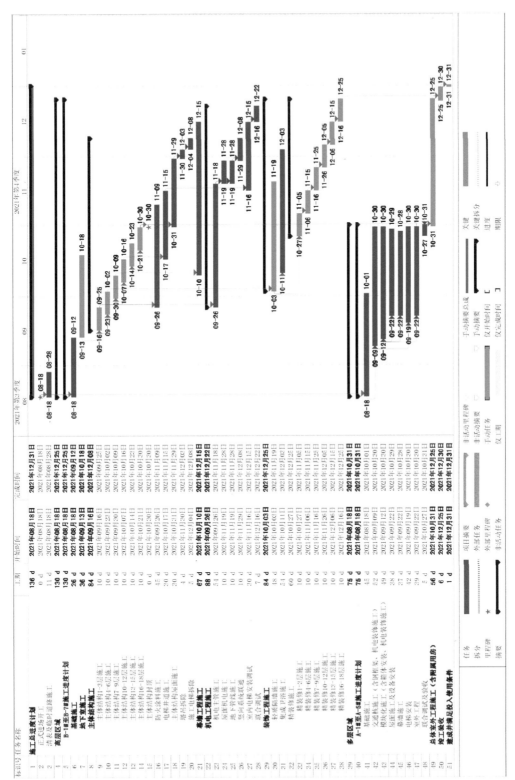

图5.3-2 项目一进度计划甘特图

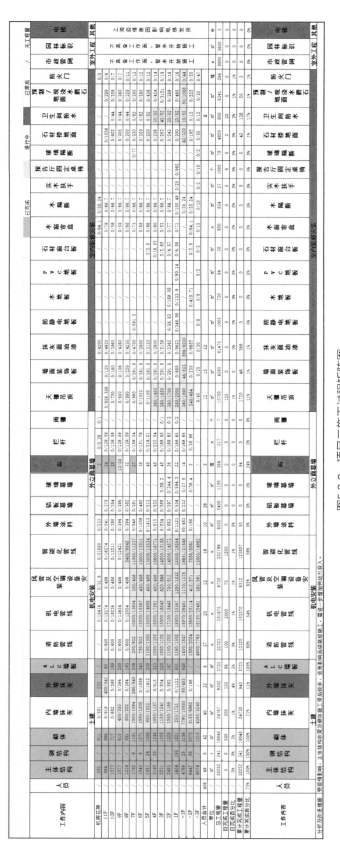

图5.3-3 项目二施工过程矩阵图

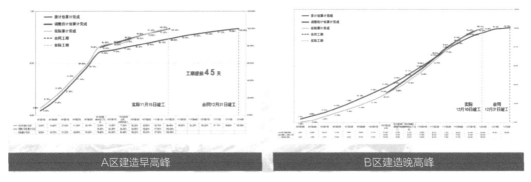

图5.3-4　项目一形象进度曲线

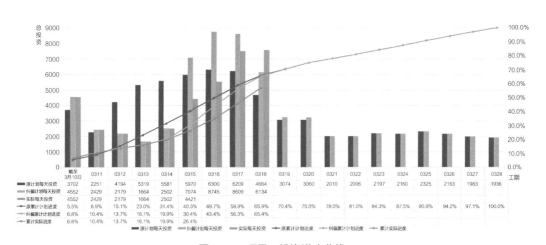

图5.3-5　项目二投资进度曲线
注：蓝色—计划投资曲线；绿色—实际产值曲线；橙色—纠偏投资曲线。

集资源提供技术参考。项目二的投资进度曲线如图5.3-5所示。

3. 平面调整，把握关键

为保证项目的极限工期，科学合理的平面布置是关键。根据项目的实际情况，可将项目的平面布置划分为不同的施工主体（如土方、基础等），在每个施工主体的建设过程中，根据现场的需要和工期要求，定期动态调整项目平面布置图，以平面图引导现场施工总体部署的达成。

同时，可通过BIM技术对不同施工场地的布置进行模拟分析，例如优化平面道路、确定堆场位置及塔式起重机等垂直运输的位置和数量等，借助可视化的展示，可直观感受到施工现场平面布置的合理与否，为项目高效运转提供支撑。此外，EPC总承包单位要充分协调各分包单位之间的工作面，确保现场施工有序开展。

4. 交叉作业，实现目标

施工现场遵循"时间不间断、空间全覆盖、资源满负荷、人停机不停"的原则进行施工部署。总平面上多个区域实现同步无流水施工，同时在每个区域中的施工楼栋单体立面上完成各工序紧密穿插，最大限度地利用现有工作面，合理节约施工时间。

例如，项目一中的一个标段总平面划分为三个独立的工区，在满足总体统筹安排下，三个分区独立配置管理团队，实现同步无流水施工作业。同时，有关的楼栋在立面施工时进行全专业的流水穿插工序，同步施工，以保证极限工期下高标准地完成建设任务。其施工立面穿插及房间工序模拟如图5.3-6所示。

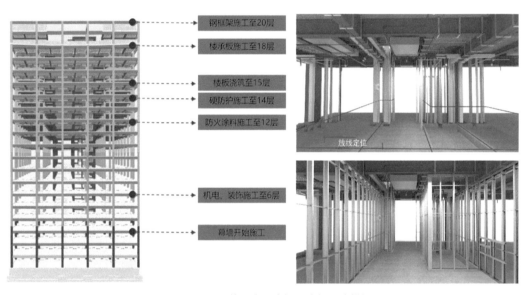

图5.3-6　项目一施工立面穿插及房间工序模拟

5. 新型建造，提供保障

对于抢险救灾工程，为达到快速建设的目标，尽最大可能提高装配率是必然也是较有优势的选择。采用高装配率的建筑体系，可集成装配式钢结构体系、箱式模块化体系、免支模楼板体系、免砌筑隔墙体系、装配式装修体系、集成式卫浴体系以及机电预制装配体系等新型建造支撑体系，实现工厂化生产，现场只需进行吊装、处理模块拼接处的管线接驳及装饰等少量工作，大量减少现场作业，缓解高峰期资源需求和作业面冲突，保证现场连续施工，为项目的如期履约奠定基础。新型装配式建造体系的构成如图5.3-7所示。

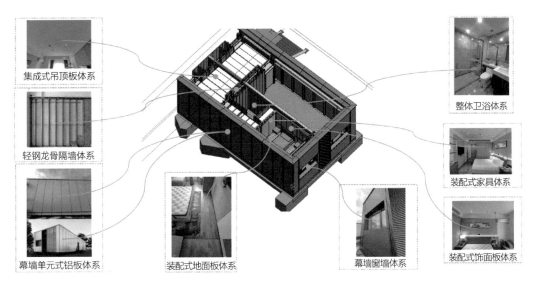

图5.3-7　新型装配式建造体系构成

左侧标注（从上到下）：集成式吊顶板体系、轻钢龙骨隔墙体系、幕墙单元式铝板体系

中部标注：装配式地面板体系

右侧标注（从上到下）：整体卫浴体系、装配式家具体系、装配式饰面板体系、幕墙窗墙体系

5.3.3 内外联动及多维融合的质量管控

根据抢险救灾工程特点，结合现场实际情况，内外联动及多维融合的质量管控可在项目施工阶段为工程质量提供有力、有效的组织保障。通过整合各方管理力量形成工作合力，由建设单位、监理单位、EPC总承包单位以及第三方质量巡检单位联合成立质量保障小组。质量保障小组每天对现场进行巡视检查，排查质量隐患，提出整改要求，研究整改措施，形成质量隐患立项销项清单，并跟踪落实整改形成闭环管理。

1. 从出厂验收到移交查验，确保源头质量

（1）出厂验收

为适应项目快速建造的模式，抢险救灾工程项目涉及的工厂通常是多地点、多加工点位、多工序环节。项目采用"检验试验计划"的管理方法和工具，由监理单位实施驻厂监造，参建各方高效协同、通力协作，严控工厂生产环节的质量品质。出厂前由总承包、工厂、监理三方共同验收，形成"一成品一档案"，严把出厂关，绝不将质量问题带出厂外。

此外，对于抢险救灾工程项目中的预制部品部件，要提前策划出厂验收机制。针对不同的部品部件特点，清单式明确验收标准、验收流程和验收内容；统筹现场进度需求和工厂发运底线要求，将验收的内容进行分级、分类，明确验收的分级内容是否突破出厂底线，是否能发运。同时在出厂前，通过出场可视化举牌验收手段，严控出场标准。

（2）移交查验

为给抢险救灾工程项目移交创造有利条件，提前启动项目的质量查验工作。一方面，能倒逼现场收尾工作进度，为移交前全面整改赢得宝贵时间；另一方面，提前暴露质量问题有利于整改销项，实现完工即移交。为使该项查验工作顺利推进，质量管理部门可拟定相应的质量查验管理办法，确定查验工作组织结构、工作流程、查验办法及相关要求。质量查验机制及流程如图5.3-8所示。

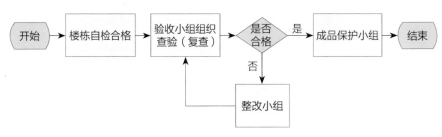

图5.3-8　质量查验机制及流程

2. 从内部管理到外部联动，提升质量品质

（1）内部管理

以各项质量管理制度为依托，指导现场施工管理工作，在抢险救灾工程项目中要采用专门的质量管理措施，协调现场各参建单位全面负责质量管理工作。

在质量交底方面，为使参与施工的技术人员和工人对其承担的工程任务、特点、技术要求、施工方法、工序交接及其他工种配合做到心中有数，各分包单位进场时质量部应到现场对管理人员及工人进行质量交底。

在质量问题通报方面，每日对各专业施工过程中出现的违反设计及规范要求的做法予以通报，根据奖罚制度对分包单位进行质量约束。

在联合巡检方面，联合监理单位与第三方进行每日巡检工作，并让分包单位及各工区现场管理人员充分参与到每日巡检工作中。次日，由各工区负责落实昨日的质量问题整改情况，由监理对整改情况进行核实确认，并由专业工程师及监理共同在每日销项会上对昨日问题整改情况进行汇报，确保质量责任层层落实，质量问题逐个击破，以此让管理工作完美闭环。

（2）外部联动

总承包单位作为项目的实施主体，在建设过程中必须与其余参建方做好配合，秉持"既抓全面、又抓重点"的原则，融合各专业条线及工区，收拢战线，强化质量管理。

在与分包单位联动管理方面，组织各分包单位就质量管理进行交底会，同时加强现场质量交底，确保每一位参与施工人员清楚地了解工程特点及质量技术要求，合理安排工程查验工作；要求涉及区域各分包质量负责人按时到场，做好问题记录，对于现场具备销项条件的问题应立即销项，后续建立查验问题线上云文档，划分责任单位，督促整改。

在与监理单位联动管理方面，与各层级建立良好的沟通协调机制，共同形成对具体施工区域的监督，借助监理方加强对工程全过程的管控，给予分包单位足够的质量管理压力，提高工程质量。同时，取得监理对于施工过程的第一手反馈信息，第一时间反映给相关单位，以引起其重视并予以解决。此外，对于监理下发的监理通知单，应于次日形成整改回复，贯彻执行，提升服务水平。

在与第三方联动管理方面，与第三方组成联合巡查专项小组，建立一套成熟有效的管理机制。联合巡查专项小组快速开展现场巡检作业，压实现场质量责任制，对现场主要质量隐患的主要风险点进行重点排查，出具每日销项清单。同时，根据每日巡查情况，分析质量问题产生的原因并举一反三，制定防范措施并对相关单位进行交底。

3. 从质量评比到奖惩落实，营造管控氛围

事实上，参与抢险救灾工程项目的各单位都是行业内优质单位或各参建方的核心资源，一般拥有较高的政治站位。要充分利用各参建单位同台竞技的先天优势，建立质量评比机制，张贴质量管理"红黑榜"，对不同施工区域的现场实体质量、质量问题整改率、质量行为、举牌验收及时性等多个维度进行评判，营造竞争的氛围，提高项目质量的均质化水平。

此外，质量的评比机制要辅以奖惩机制，严格推进落实。根据质量评比情况，利用"感谢信""表扬信""流动红旗""现金激励"等多种手段实行奖优罚劣。对于检查过程中多次提出的质量问题不引起重视的区域及分包单位，采取相应的质量整改通知和经济处罚，并在总分包大会中进行通报批评，营造项目质量高标准、高要求的建设氛围。

5.3.4 统筹策划及动态结算的成本管控

成本管控的首要任务是在总投资限额约束下，加强项目在施工阶段的造价管理，及时比对实际投资（概算、预算、变更费用等）与估算投资差异，

在满足项目建设规模、建设标准、使用功能和需求、质量安全、建设进度的基础上，防范项目实际投资超估算的风险。

1. 统筹团队资源，助推成本管控

（1）创新管理模式，保障团队协作

对于抢险救灾工程项目而言，采用"IPMT+EPC+监理"模式进行建设管理，为项目在施工阶段的成本管控创造了良好的条件。在此模式下，建设单位牵头统筹监理、造价咨询和EPC总承包单位组建项目工作保障组，形成成本联合管理团队，负责项目建设实施期间的材料设备定价、资金计划、工程计量、支付审核和动态结算等造价管理工作。同时，工作保障组要充分发挥联合管理团队的作用，做到目标统一、消除壁垒、信息互通、共议即办等，在项目建设实施期间始终保证投资动态受控，保障资金需求，服务项目建设。

（2）多级协调机制，权威解决争议

在EPC模式下，施工图预算、新工艺（如模块化箱体）计价、材料设备定价等往往争议较大。按照争议事项性质、分歧程度、问题复杂程度等，由不同的管理机构进行分级处置。在上述项目一、项目二实践中，建设单位造价团队负责对争议问题充分调研并组织洽商，提出处置意见或建议；总承包单位对建设单位造价团队意见继续持异议的，由建设单位造价团队将该争议提交给建设单位内部的两级经济专业组，进行造价专家评审，并根据专家组意见执行。

（3）发挥前端控制，加强后台支撑

传统模式中的造价咨询工作普遍存在割裂现象，即施工现场信息与工作信息之间存在的延迟。因此，构建前端+后台联动工作机制，在横向和纵向上打通造价管理工作流程。前端由监理造价工程师和造价咨询单位驻场人员组成，跟踪设计进度和传递设计成果文件，统计投资数据和编制投资报表，策划和督办结算资料，获取和复核工程计量计价依据，组织现场造价协调等；后端以各项成本管理中心为支撑，统筹重大问题决策，造价咨询单位实施施工图预算审核、材料设备定价、结算审核等各项任务。

2. 实现超前策划，保障降本增效

抢险救灾工程除了要确保在规定时间完成建设任务外，在施工过程中还要进行超前策划，主动应对，从多维度推进降本增效工作。具体来说，可以从分包、签证、劳务以及专业设备定价模式等方面来落实。

在分包方面，按照承包合同的要求，在保证各项目标的前提下，采用合适的方法，遵循一定的程序解决分包管理控制的相关问题，达到降本增效的目的。

在签证方面，严格控制现场签证办理，做到所有签证必须有对应收入，严格控制无收入签证。

在劳务方面，对劳务成本精准摸排管控，联动信息化，实行劳务实名制管理，进出场必打卡，动态掌握分包人数，掌握分包大致劳务费用。

在专业设备定价模式方面，采用"一单一议+框架集采"模式，采用两套价格体系，避免整体涨价风险。同时，在设备租金计算上，合理使用台班，在项目收尾阶段每日根据设备退场计划，最大限度地降低设备成本。

3. 推行动态结算，加强过程管控

推行动态结算，一是按月进行工程计量；二是对具备独立结算条件的基础、结构等单位工程在完工后组织结算；三是按照工程进展分楼栋组织过程结算。

动态结算的目的包括四个方面：一是依据月度工程计量修正投资统计偏差，确保统计数据准确；二是通过工程计量发现影响计量计价问题，及时纠偏并完善依据；三是依据动态结算造价实施投资比对，实现全过程投资动态控制；四是围绕工程计量确认支付数额，保障资金风险和资金需求。

5.3.5 宣贯落实及科技赋能的安全管理

结合抢险救灾工程的特点，适当简化或优化管理流程，确保所有安全管理措施高效进行。总承包单位对现场的各参建方进行综合协调，各参建单位履行对应职责，明确职责分工，加强自主管理。

1. 落实"四队一制"，推进安全生产

成立重大隐患整改队，对检查发现的重大隐患限时整改消除，复查闭合。

成立6S专项清理队，开展以整理、整顿、清扫、清洁、素养、安全为内容的6S管理活动、持续改善现场文明施工与工作环境。

成立违章作业纠察队，针对施工过程中出现的各种不安全行为，及时制止，管理责任下沉到分包单位，配套奖惩措施执行到位。

成立技术审核把关队，重点对危大工程技术方案、安全技术交底、作业指导书进行审核把关并贯彻落实。

实施楼栋长制，确保项目所有区域、工区、楼栋、楼层等物理空间的质量安全隐患及6S管理问题由专人负责监管和整改落实。

2. 建立响应机制，落实安全保障

抢险救灾工程由于建设工期紧张、任务繁重，往往需要大量的工作人员满负荷工作。因此，要设置专职应急救援队，常驻救护车、救援抢险车24小时战备值班，开展应急救援工作。同时，在与医院签订战略协议开通绿色直达通道的基础上，按照社区医院的标准在项目施工现场开设医疗点，确保受伤人员得到及时救治。此外，所有从业人员的安全帽上张贴应急救援电话，在每日晨会、安全教育大会上对危险识别及规避、自救和互救、规范上报等应急知识进行宣传贯彻，固化应急响应思维。

3. 应用智慧平台，提供创新举措

1）采用各类先进的电子仪器

为积极响应科技促安全的政策，采用各类先进的电子仪器助力施工现场安全生产管理。例如，采用汽车起重机吊钩可视化装置、塔式起重机黑匣子、塔式起重机吊钩夜视激光垂直仪、电梯人脸识别系统、曲臂车尾部防碰撞设施、防刺穿安全鞋垫等多种措施辅助安全管理工作，为施工现场安全管理提供技术支持，实现由定性的安全管理到定量的安全管理的提升。

2）运用智慧工地系统

（1）实现全方位监控功能

智慧工地视频监控系统布设在施工现场的各个区域，可在移动端、PC端、大屏端随时随地查看现场监控画面，实现全方位、无死角的监控，让项目现场的管理人员实时获取安全生产信息，真正实现安全监控全覆盖。

（2）实现"千里眼"管控功能

智慧工地视频监控系统后台嵌入AI智能识别技术，自动识别现场工人一系列不安全行为，实现"千里眼"的功能。同时，借助智能平台实时显示不安全行为，方便管理人员快速精准地对施工现场进行远程安全管理，提升管理效能。

3）利用BIM技术

（1）技术交底

利用BIM技术可将各施工步骤及施工工序之间的逻辑关系、复杂交叉施工作业情况、重大方案施工情况予以直观的模拟与展示。基于BIM可视化平台，以图文并茂的直观的方式降低技术人员、施工人员的理解难度，同时确保技术交底的可实施性、施工安全性等。

（2）安全策划

利用BIM技术可对需要进行安全防护的区域进行精确定位，事先编制出相应的安全策划方案。例如，对于施工洞口"五临边"、施工安全通道口、高层施工主体各阶段外围水平防护等，提前根据项目重点难点、施工安全需求点编制安全防护策划方案，并且基于BIM技术创建安全防护模型，反映安全防护情况、优化安全防护措施、统计安全防护资源计划，做到安全策划精细化管理，以促进进度与安全的有机统一。

4）VR安全培训设备

采用VR安全培训设备模拟各种安全事故类型，使工人身临其境般"亲身经历"工程建设施工中的火灾、电击、坍塌、机械事故、高空坠落等几十项安全事故。采用寓教于乐的形式展现安全生产，改变了以往说教、灌输的宣传教育模式，通过亲身体验、互动启发式安全教育，提高项目管理人员和建筑工人的安全意识。

5.3.6 多方合作及分工合理的组织协调

1. IPMT全面组织协调

抢险救灾工程项目的建设通常有众多参与方，涉及面广，彼此之间关系较为复杂。建立三级IPMT的组织协调模式，便于项目的组织协调管理。

（1）第一层面：决策层

由政府相关部门领导及主要成员联合组建"专班"协调，决策层总体任务为对重大问题进行协调决策，以及对项目施工阶段工作进行宏观控制和指导。决策层中的各单位要提高政治站位，高度重视项目建设，加强组织领导，压紧压实参建各方主体责任。同时要做到主要领导亲自抓，分管领导直接抓，责任单位具体抓，按照分工抓好落实；细化职责分工，明确各项工作举措及要求，责任到人，确保各项工作任务落实到位，保证高效、高质量地完成建设任务。

（2）第二层面：管理层

项目的建设单位、总承包单位及监理单位等统筹组建项目建设指挥部，从管理层面统筹协调工程项目建设过程中的各类事项，对建设项目的进度、质量、成本及合同执行进行有效管控。管理层高效管理的关键因素首先在于思想上应高度重视，全面考虑施工过程中可能出现的各种风险；其次，制定周密的管理措施，领导各工作组围绕目标分工协作，按照部署各司其职，强化责任意识，主动担当作为。

（3）第三层面：执行层

项目的建设单位、总承包单位及监理单位等抽调各自骨干成员，统筹各专业工程师、总承包单位各专业条线管理者及监理各专业条线管理者组成项目管理组直接入驻现场，跟随现场进度直接对各项施工任务进行管理，全面落实决策层与管理层的相关决议。

2. EPC总承包全面组织协调

抢险救灾工程因其特殊的建设要求，一般采用EPC模式进行建设。在此模式下，由总承包单位负责整个工程项目的设计、设备和材料的采购、施工及试运行等全部阶段。为确保工程施工有组织、有计划地进行，总承包单位根据建设项目的实际情况、管理要求等实际条件，科学合理地对施工现场进行管理，并协调好各施工工序、各专业工种、各管理单位间的关系；建立多层协调机制，减少沟通链条，从根本上解决施工质量、成本、安全管理中所存在的问题与矛盾，确保施工作业得以顺利开展。

3. 监理全面组织协调

常规建设模式中，业主与各参建单位间形成复杂的管理监督网络。而在监理单位履行全过程工程咨询职责模式下，监理单位接受建设方的委托，在投资决策阶段介入项目建设中，在初期为项目提供整体性合理化建议，在施工过程中以工程监理为抓手实现项目管理职能。

在项目施工过程中，监理单位不仅要对建设单位负责，也要对项目负责。首先，要解决建设方所关心的问题，为其提供专业化、系统性的咨询服务和建议，满足建设方对综合性、一体化工程咨询服务的需求。其次，监理单位要准确把握项目施工中的突出问题与矛盾，从全生命周期考虑，合理协调资源，让参建各方以服务项目为主要目的。

4. "IPMT+EPC+监理"高效组织协调管理

采取适合快速建造的"IPMT+EPC+监理"的建管模式，通过组建三个层级的IPMT一体化管理团队，建设单位、EPC总承包单位和监理单位共同协调，减少了施工过程中信息传递成本，做到快速发现问题、分析问题、解决问题，实现了施工现场多条关键线路的快速决策和指挥。

IPMT决策层通过建立多层级协商机制，快速、高效地解决一系列制约项目施工推进的问题；由建设单位牵头与相关部门进行对接，全面把控建设目标，对项目施工过程进行宏观指导。

IPMT管理层统筹管理施工进度、质量、成本、安全等各项工作；督促指导EPC总承包单位和监理单位完善各项管理制度，细化管理颗粒度，强化责任落实，加强对分包单位、材料设备供应商等的指挥调度。

EPC总承包单位和监理单位在施工阶段的工作目标、工作内容及工作重点都是高度一致的。就EPC模式下施工管理深度和效果而言，需要监理单位给予监督、补充和完善，形成"EPC+监理"双模式（表5.3-1）。双模式遵循各负其责、相互配合的原则，一个侧重于实施，一个侧重于管控，工作上一一对应，无缝对接，实现对项目的无盲区管理。在项目施工过程中，通过每日项目例会、专题会议、专题报告、联合巡查、分层级沟通等措施，加速管理融合并及时有效地解决项目施工过程存在的各种问题。此外，在实现项目装配式建造、绿色建造、智慧建造、数字化及信息化等方面，EPC总承包单位和监理单位联合力量，共同开展课题研究，分析建造问题，破解建造难点，总结建造经验，为建设示范项目贡献集体智慧，展现双模式的魅力。

"EPC+监理"双模式在施工管理中的协同应用关系　表5.3-1

EPC总承包单位责任	（1）承担施工任务； （2）按照计划落实施工任务，并自行安排施工班组开展施工管理工作
监理单位责任	（1）履行监理责任； （2）开展施工进度、质量、成本、安全管控； （3）发挥监理工程师的专业能力，完善施工管理工作
施工管理手段	材料报验，现场旁站，见证，巡查，投入劳动力资源分析等
发挥IPMT模式优势	（1）监理单位为对接方； （2）体现建设单位意愿

5.4 项目的验收与移交

5.4.1 运用ITP管理及BIM技术的验收

1. 运用ITP管理的验收

竣工验收是全面考核建设工作，检查是否符合设计要求和工程质量的重要环节，对促进建设工程及时投产、发挥投资效果、总结建设经验等有重要作用。抢险救灾项目建设主要采用模块化集成建造产品。与传统项目相比，这类项目需要在极短的时间内完成设计、施工、安装、调试及验收的全部工作（如：项目三仅有20天，项目二仅有51天，项目一仅有4个月），因此验收活动贯穿整个项目的施工过程，这样能最大限度地压缩验收时间。同时，由于项目验收时间紧迫，因此在竣工验收前，应提前与住建部门做好对接，取得消防验收、质量安全监督等部门的大力支持，为项目竣工验收创造有利条件。

为此，可采用ITP（Inspection and Test Plan，检验和试验计划）质量管理文件，对检验的内容、方法、人员和标准进行系统记录，实现施工质量管理中的全方位监管。这样便于在施工过程中一步一验收，即验收人员负责按照ITP中设定的检验点，对施工项目进行检查并判断质量是否符合标准。此外，ITP管理还强调移交前调试环节的重要性，即在验收完成后的调试环节，项目结合承接查验管理加强对移交前使用功能及观感质量的检查调试工作。

2. 运用BIM技术的验收

运用BIM技术可以更高效率、更高质量地实现竣工验收。同时，全过程运用BIM技术，对场地地形、样板优化进行模型搭建，也可作为验收的控制标准。因此，在项目中运用BIM技术开展验收至关重要。

（1）在验收时，设计单位将验收信息添加到施工过程模型中，并根据项目实际情况进行修正，以保证模型与工程实体的一致性，进而形成竣工模型。验收过程中，则借助BIM模型对现场实际施工情况进行校核，譬如管线位置是否满足要求、是否有利于后期检修等。

（2）在验收时，设计单位将建设项目的设计、经济、管理等信息融合到BIM竣工模型中，便于后期运维管理单位使用时更好、更快地检索到建设项目的各类信息，为运维管理提供有力保障。利用BIM技术还可协助业主进行建筑空间管理，包括空间规划、空间分配、人流管理（人流密集场所）等。此外，BIM还可对资产进行信息化管理，辅助业主进行投资决策和制定短期、长期的管理计划。

（3）将建筑设备自控（BA）系统、消防（FA）系统、安防（SA）系统及其他智能化系统与建筑运维模型相结合，形成基于BIM技术的建筑运维管理系统和运维管理方案，有利于实施建筑项目信息化维护管理。

（4）利用BIM技术和设施设备及系统模型，可辅助制定应急预案，开展模拟演练。此外，模型应用还可结合楼宇计量系统及楼宇相关运行数据，生成按区域、楼层和房间划分的能耗数据并加以分析，发现高能耗位置及其能耗高的原因，从而为提出针对性的能效管理方案，降低建筑能耗提供参考。

5.4.2 融合承接查验机制的项目移交

项目移交是检验项目成果的重要阶段，这一阶段的顺利完成，标志着整个项目的最终结束。在项目移交过程中，需严把项目竣工移交质量关，与运营单位合作开展各项验收，履行"移交实体，不移交责任"的承诺和义务。同时，建立承接查验机制，提前介入查验，有利于项目的顺利移交。此外，项目移交需要与运营单位进行充分沟通，获得运营单位认可，满足其运营需求。项目移交的关键是移交前的准备、移交中的检查与整改，以及移交后的维保。各项工作的基本内容如图5.4-1所示。

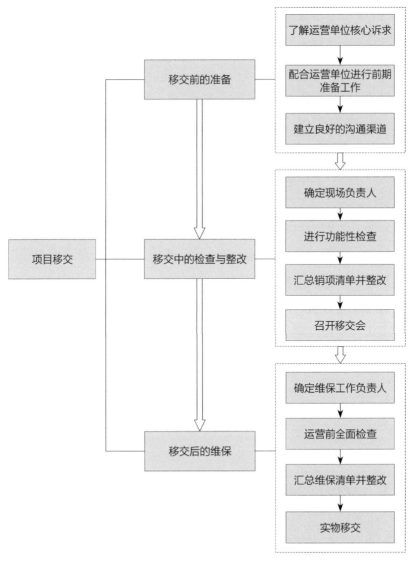

图5.4-1 项目移交的基本内容

1. 移交前的准备

首先，需要对沟通层级进行划分，了解运营单位的核心诉求。其次，协助运营单位解决其员工入场、供餐、临时办公区建设的问题，在总承包单位与运营单位之间建立较为稳固的友谊，为后续项目移交双方的沟通和配合奠定基础。最后，需要通过网络社群等形式建立总承包单位人员内部、总承包单位人员与运营单位人员间的沟通渠道，为移交过程中各项工作的沟通提供交流平台。

2. 移交中的检查与整改

首先，应根据现场环境和专业差异，分区及分专业地确定现场责任人。其次，组织现场责任人与运营单位检查人员对移交区域进行移交前的功能性检查，分专业地输出整改清单。再次，根据整改清单召开问题整改销项专项会议，督促各销项负责人进行问题整改。在问题整改后，以积极主动解决问题的态度，及时邀请运营单位检查人员开展复核。最后，邀请各相关单位的负责人召开项目移交会，签署工程实物移交单，实现项目的顺利移交。

3. 移交后的维保

首先，应根据现场环境（如楼栋分布）及专业方向，确定现场维保工作的负责人。其次，组织现场维保的负责人与运营单位的房务部、工程部对移交区域进行全面的细部检查，分区域、分楼栋输出问题整改清单。再次，组织项目维保工作专项会议，督促各维保工作负责人积极推进维保的问题整改工作。同时，针对运营中必需的洗衣房、厨房、固废处理站等配套用房，应及时联系运营单位进行检查验收，对于可能存在的功能性缺失问题，联系各方召开专项会议，经建设单位确认后对功能性缺失问题进行完善，以满足运营单位的使用需求。在完成问题整改后，联系运营单位进行复核确认。最后，完成各楼栋钥匙、配套用房、电梯、安保力量等的全面移交。

在完成全面移交后，还应预留一定的人员定期进行维保服务，从而保障未来项目运维的顺利进行。

5.5 项目的多维评估

工程项目的多维评估是指在项目建设完成后，对项目的质量、安全及其获得效益进行的客观性、系统性评估，以确定该项目是否达到质量、安全及社会效益目标。

5.5.1 面向质量一流目标的工程质量评估

工程质量评估重点关注在国际国内抢险救灾形势下，抢险救灾工程是否能够达到预期的"质量一流"目标。

1. 质量自查自评

在这一阶段，总承包单位、监理单位对标市优质工程评分标准和中国建设工程鲁班奖（国家优质工程）（简称"鲁班奖"）标准，分别独立对项目进行自查自评。

（1）工作方式：按照鲁班奖核查标准，总承包单位及监理单位分别对现场不低于25%的总面积进行实地核查。实地核查的目的是对现阶段工程质量现状进行量化评估，明确工程竣工至整改过程中的质量水平。

（2）背靠背测评内容：对照鲁班奖评奖标准，对技术进步与创新、工程管理及工程规模、绿色文明施工、经济与社会综合效益四个方面进行打分。

（3）评分汇总及对比：将各分部工程质量及资料整理的得分汇总，并将重要指标的评估结果与鲁班奖的要求及相关标准进行对比。

（4）提供评估结论：结合评分结果，评判项目质量是否达到申报鲁班奖的评奖水平，并对自评自查中发现的有待整改的部分进行说明和反馈。

2. 第三方质量巡查评估

委托第三方咨询公司对工程项目进行质量巡查打分评估。第三方巡查评估一般分多次进行，每次间隔1个月。在第三方巡查评估后，需要将评分与政府内部质量评估体系进行对比，对于低于及格线的项目应提出质量整改意见，并及时整改。

3. 质量综合评估

结合自查自评和第三方巡查评估的结果，确定项目质量是否达到预期的"质量一流"目标，并评估项目是否满足市优质工程的入围标准和鲁班奖标准。同时，对于项目质量中存在的问题进行总结，狠抓质量整改，力求达到质量最优。

5.5.2 面向安全文明目标的安全管理评估

抢险救灾项目的工程建设工期短、工作任务艰巨，施工现场高峰期常能出现施工人数超万人，投用塔式起重机、施工升降机等建筑起重机械几十余台，各类流动式起重机多达近百台的情况。短时间的人员密集入场和严峻的安全风险交织，让项目时刻面临安全生产的压力与挑战。因此，项目在施工期间能否实现"安全文明"的目标，是全力推进项目建设、确保项目安全交付的关键。除了在项目施工期间实施现场督查、联合检查、编制安全专项方案、编制作业指导书、组织危大工程专家论证、投入安全管理人员、组织安全培训、及时发现并整改安全问题等环节外，组织开展以"安全文明"为目标的安全管理评估也尤为重要。通过安全管理评估，可以明确项目工地是否达到国家级安全文明工地的评选标准，项目过程管控达到何种档次，从而为未来利用EPC模式开展类似抢险救灾工程的建设提供宝贵的安全管理经验。

1. 安全自查自评

在这一阶段，总承包单位、监理单位对标中国建筑业协会"建设工程项目施工安全生产标准化工地"（原全国AAA级安全文明标准化工地）的评选标准和行业标准《建筑施工安全检查标准》JGJ 59—2011，分别独立对项目进行自查自评。

（1）背靠背测评内容：首先，根据《建筑施工安全检查标准》JGJ 59—2011对施工期间的安全检查评分表进行统计；其次，对标"建设工程项目施工安全生产标准化工地"的要求对安全管理、文明施工、员工权益保障三个方面进行打分。

（2）评分汇总及对比：将评分结果进行汇总，并与"建设工程项目施工安全生产标准化工地"的要求及相关标准进行对比。

（3）提供评估结论：结合评分结果，评判项目在安全层面是否达到了"建设工程项目施工安全生产标准化工地"的标准，并对自评自查中发现的可能存在的安全问题进行说明和反馈。

2. 第三方安全巡查评估

组织第三方安全机构每周对工程项目的各个标段开展一次独立的安全巡查工作，出具安全工作报告，并从专业角度督促和纠正参建单位的现场管理行为与隐患整治工作。第三方巡查评估依据为《建筑施工安全检查标准》JGJ 59—2011。

3. 安全综合评估

结合自查自评和第三方巡查评估的结果，确定项目安全管控体系是否健全，过程措施是否科学有效，各项安全管理思路是否正确，方法是否得当，效果是否显著。在安全生产方面，明确项目是否杜绝了较大及以上生产安全事故的发生，是否杜绝了重大火灾事故、环境污染事件及疫情传播等风险失控事件。最后，明确项目是否达到市安全生产与文明施工优良工地及"建设工程项目施工安全生产标准化工地"评选标准。

5.5.3 面向项目运行贡献的社会效益评估

与质量和安全评估不同，社会效益评估主要用来衡量项目运行后对社会发展的贡献。基于抢险救灾工程的特殊性，社会效益评估主要针对城市治理能力提升、项目样板性、新技术应用对建筑业发展影响等方面展开。

1. 针对城市治理能力提升的效益评估

抢险救灾工程具有特殊性，以本书前述三个项目为例，其社会效益体现在项目的竣工是否实现了立项的最初目的和社会价值。项目一不仅在疫情期间集中接收隔离人员，最大限度地强化感染管理控制，完善隔离系统，还能在完成防疫任务后，转化为常规酒店使用。项目二不仅实现了荒滩上抢建"生命之舟"的工程奇迹，还可在疫情后，为部分临床情况合适的病人提供放射诊断服务，以缩短病人的轮候时间，缓解公立医院放射科服务的压力。因此，各个项目在评估其社会效益时，需要结合项目特点，确定其对城市治理能力提升的情况。

2. 针对项目样板性的效益评估

抢险救灾工程一般立足于现实的紧迫需求，往往要在没有任何样板的参考下，高效、高质量地完成任务。因此，对于这类项目的效益评估，可评判其是否具有样板性，即在未来遇到类似情况时，是否具有借鉴意义。以项目一为例，该项目充分贯彻"快速建造、平战结合、永临结合"的原则，对有限的资源进行高效整合，快速转换，以适应"平时、战疫"两种情况下的社会需求，创造了打造样板的社会效益。

3. 针对新技术应用对建筑业发展影响的效益评估

在抢险救灾工程中，一般采用模块化快速建造技术、智慧工地系统以及单元式玻璃幕墙、机电制造与装配等新技术，充分体现建筑工业化、智能化与绿色化。同时，通过与传统建筑建造技术的对比，可以确定在多大程度上实现了工序简化、工期缩短、工量减少、废弃物排放减少、碳排放减少等。这也将明确新技术的应用对建筑业发展具有怎样的正向影响，从而实现对项目社会效益的评估。

第6章
EPC模式在抢险救灾工程中的应用案例成效

6.1 在项目一中的应用成效

6.1.1 党建成效——模式创新，提升基层员工幸福感

坚持党建和业务深度融合，围绕项目一线建设，做到"哪里有短板，哪里有困难，哪里有需要，'党建+'就开展到哪里"。围绕安全、质量、工期进度、投资造价、疫情防控和复工复产等方面，深入开展"党建+疫情防控""党建+质量安全""党建+服务"等活动。参建各方构建党建共享共治平台，极大地提高了队伍的凝聚力和战斗力，有助于推进项目高效高质量建设。项目通过举行誓师大会、抓紧劳动竞赛、力推工区联系、营造创新氛围、发挥平台作用等举措，以党建引领推动阵地迁移，最终形成具有参考价值的创新党建模式。

此外，在面对基层员工时，通过解决一线工人"急难愁盼"的问题、设立工友广播站、开展工友文化活动、提供维权关怀与文化认同等措施，提升基层员工幸福感，进一步营造正能量、有凝聚力的项目建设氛围，展现党建成效。

6.1.2 进度成效——工期优化，稳步高效推进项目

先进建造体系是全面推动工程建设高质量发展的重大改革创新和重要举措，其中快速建造体系是指在项目前期设计、报建、招标、施工、验收等各个建造阶段，通过科学合理地组织、管理，采取先进技术和经济措施，确保工程快速、连续、高效地建设，在保证工程安全质量的情况下，合理地缩减建设周期的建造体系。

各有关部门在职权范围内依法对相关审批程序予以简化。项目于2021年8月16日极速集结工程建设资源，快速部署完成施工准备和开工。自2021年8月18日打下第一根工程桩，其中一个地块首批建筑（多层A1～A5栋）于

12月3日率先施工完成，施工周期107天，用时仅为定额施工工期（723天）的14.8%；其余建筑于12月20日施工完成，施工周期124天，用时仅为定额施工工期（723天）的17.2%。另一个地块首批建筑（多层A1~A6栋）于11月16日率先施工完成，施工周期仅为90天，用时仅为定额施工工期（723天）的12.4%；其余建筑于12月28日施工完成，施工周期132天，用时仅为定额施工工期（723天）的18.3%。项目一建设历程如图6.1-1所示。

（a）地块一建设历程

（b）地块二建设历程

图6.1-1　项目一建设历程示意图

6.1.3　投资成效——满足条件，结算不超过概算

作为抢险救灾工程，在项目初始就明确了在保证进度的同时要兼顾投资的合理性以及建设的规范性。项目建设过程中要合理控制造价，用最科学的决策方法、最科学的招标模式、最科学的建造技术、最科学的管理手段，做到项目性价比最优，达成最优的投资成效。

为实现上述目标，在项目开展过程中，要充分发挥全过程工程咨询模式的优势，将其贯穿于项目全过程，协助建设单位在提升工程质量、确保项目进度、深化风险识别和强化运维能力的前提下，管控投资成本。同时，落实合同管理，按照前期、实施和结算的过程控制，分别采用合理竞价、限额设计、材料设备多种定价方式、变更控制、结算六级审核机制等方式，强化投资控制；每日编制项目日报，包括项目进展，人、材、机资源投入，投资进度曲线等关键信息，以可视化的形式呈现，对投资计划执行进行每日动态分析和实时控制；增补投资纠偏曲线，按照纠偏目标，最大限度地组织资源，最大限度利用空间和时间的穿插，极力拓展施工作业面，提前做好劳动力计划，落实人、机、料计划安排。此外，项目还通过利用模块化设计和干式净化法等技术，节约项目投资和运营维护成本，实现成本的进一步控制。

最终，项目一确保了结算不超过概算的投资目标。

6.1.4 质量成效——质量一流，对标"鲁班奖"高标准

2021年8月开工前，项目就明确质量目标为：4个月建成交付，一次验收合格率100%，争创鲁班奖。2021年12月，项目一进行竣工验收。验收结论表明，该项目完成合同约定和设计内容的工程施工，工程施工符合工程建设法律法规和工程建设强制性标准，工程质量合格，同意通过验收。项目成功达到4个月建成交付、一次验收合格率100%的质量目标。

为进一步评估工程质量成效，两个地块标段的总承包单位和监理单位，分别独立开展工程质量"回头看"和"向前看"的自查自评工作。

1. "回头看"自查自评

依据市优质工程检查要求，项目EPC总承包单位和监理单位从土建（含建筑、结构、幕墙、装饰装修、节能）、钢结构、电气、电梯、给水排水、通风、消防、智能化八个方面，分别开展自查自评工作。具体评价如表6.1-1所示。

市优质工程入围分数为资料85分、工程观感88分，综合分为86.5分。4家单位背靠背自评并取平均分，地块一自评价91.38分、地块二自评价90.10分，项目综合分为90.74分，高于市优质工程标准。综合来看，"回头看"自查自评结论为：项目达到并高于市优质工程入围标准，处于市房屋建筑工程质量较高水准。

2. "向前看"自查自评

鲁班奖是一项由住房和城乡建设部指导、中国建筑业协会实施评选的奖项，是中国建筑行业工程质量的最高荣誉奖。项目一工程质量数字化评估对标鲁班奖。按2021年版鲁班奖核查要求，实地核查（核查面积不低于总面积

项目一工程质量自评表（对标市优质工程）

表6.1-1

标段	评价项目	得分									评分	单项平均分	地块平均分	项目综合分
		土建	钢结构	电气	电梯	给水排水	通风	消防	智能化					
地块一EPC	资料（100）	91	95	92	91	91	91	94	96	92.63	92.44	91.38	90.74
地块一监理		90	96	94	95	91	92	90	90	92.25			
地块一EPC	工程观感（100）	89	88	91	93	90	90	88	89	89.75	90.31		
地块一监理		88	90	95	93	91	90	91	89	90.88			
地块二EPC	资料（100）	95	90	91	90	92	93	89	93	91.63	90.94	90.10	
地块二监理		90	92	86	90	90	93	90	91	90.25			
地块二EPC	工程观感（100）	93	87	90	90	88	91	93	90	90.25	89.25		
地块二监理		86	85	89	91	95	85	87	88	88.25			

的25%）交付阶段的工程质量现状并作出量化评价。现场专项对标核查体现了工程竣工至整改过程中的质量水平。对照鲁班奖标准，EPC总承包单位和监理单位背靠背打分测评，可全部满足鲁班奖10项申报条件。工程前置奖项19个，已获得1项，已申报6项，其余奖项正进行申报资料准备及专利编制工作。项目运用了住房和城乡建设部推广的"建筑业10项新技术"中的9项（地块二9项，地块一8项），超过鲁班奖"不少于7项"的要求。对标鲁班奖的项目评价如表6.1-2所示。

项目一工程质量自评表（对标鲁班奖）　　　　　　表6.1-2

主要评价内容	评价项目（满分指标）								合计（100）	地块平均分	项目自评分
	安全、适用、美观（88）				技术进步与创新（6）	工程管理（6）					
	地基基础、主体结构安全可靠（24）	安装工程使用功能完备、排布有序（24）	屋面工程、装饰装修工程美观、细部精良（22）	工程资料内容齐全完整、真实有效（18）	技术创新与推广应用（6）	工程管理及工程规模（3）	绿色文明施工（2）	经济与社会综合效益（1）			
地块一EPC	22.5	23.2	17.1	18	6	3	2	1	92.8	91.80	91.53
地块一监理	21.9	22.1	16.8	18	6	3	2	1	90.8		
地块二EPC	22.5	22.4	18.2	18	6	3	2	1	93.1	91.25	
地块二监理	22.1	21.1	16.2	18	6	3	2	1	89.4		
鲁班奖报奖分值	78				6	3	2	1	90	—	—

最终，"向前看"项目自评值为91.53分，高于鲁班奖报奖的评分标准90分，自查自评结论为：项目质量数据基本达到申报中国建设工程鲁班奖（国家优质工程）的评奖水平。

项目质量管控体系健全，过程措施科学有效，于行业内工程质量水平处于优秀区段，实现了上级要求的"本质安全、质量一流"的目标。

6.1.5 安全成效——安全可靠，有效防范风险事故

项目施工高峰期，现场施工人数超过2万人，投用的塔式起重机、施工

升降机等建筑起重机械多达70多台，各类流动式起重机近百台。同时，全国疫情持续严峻，短时间内近万人密集动迁入场，让项目建设时刻面临全面停摆的重大风险，承受着难以想象的安全生产压力。

通过安全风险研判及分级、危大工程方案审查论证和核查机制的落实，以网格化责任制为基础的"楼栋长制"、多层级安全巡查考核机制、事项销项机制等一系列行之有效的安全工作机制，辅以全方位、高密度的定岗定责精准管理，为项目的顺利交付提供了有效支撑和保障。项目每亿元隐患数为34.3个，同期项目建设单位其他项目每亿元隐患数为66.9个。对比可知，项目对于安全隐患的治理和过程管控成效显著。

项目两个标段的EPC总承包单位和监理单位根据《建筑施工安全检查标准》JGJ 59—2011进行自评，通过对施工期间的月度安全检查评分表进行统计，地块一的平均得分为91分，地块二的平均得分为93分，均超过90分的优良标准，具体自评情况如表6.1-3所示。

项目一安全文明标准化评价自评表
（依据《建筑施工安全检查标准》JGJ 59—2011） 表6.1-3

评价内容	安全管理	文明施工	脚手架	基坑工程	模板支架	高处作业	施工用电	物料提升机与施工升降机	塔式起重机与起重吊装	施工机具	得分总计
满分分值	10	15	10	10	10	10	10	10	10	5	100
地块一EPC	9	14	10	10	10	8	8	9	9	5	92
地块一监理	10	13	10	10	10	8	6	10	8	5	90
地块二EPC	9	13	10	10	10	8	9	10	10	4	93
地块二监理	10	14	8	10	9	9	8	10	10	5	93

对标中国建筑业协会"建设工程项目施工安全生产标准化工地"（原全国AAA级安全文明标准化工地）的评选标准，EPC总承包单位和监理单位分别从安全管理、文明施工、员工权益保障等方面进行综合评价，4家参建单位自评均为95分，达到90分的评选标准，具体自评情况如表6.1-4所示。

项目一安全文明标准化评价自评表

（依据国家AAA级文明工地评选标准）   表6.1-4

项目	《建筑施工安全检查标准》JGJ 59—2011	执行法律法规及住房和城乡建设部有关安全文明施工及其标准化建设规定的情况	履行《劳动合同》中保障劳动职业安全健康权益的情况		得分合计
评价内容	依据JGJ 59—2011自评得分为75～79分时本项得50分；80～84分得55分；85～89分得60分；90～94分得65分；95分以上得70分	落实安全生产责任；设置安全生产管理机构或配备专职安全管理人员；按照规定使用安全生产费；进行安全生产教育和培训；对危险性较大的分部分项工程编制和实施专项施工方案；对安全防护用具、机械设备等进行进场验收；听取工会意见制定或修改有关安全生产规章制度；制定并实施生产安全事故应急预案	《劳动合同》载明有关保障劳动安全、防止职业危害的内容	向劳动者提供符合标准要求的劳保用品并监督其按要求使用；如实告知作业场所和工作岗位存在的危险因素、防范措施及事故应急措施；不得强令冒险作业危及劳动者人身安全；不得将劳动者拒绝违章指挥、强令冒险作业视为违反劳动合同或解除劳动合同	
满分分值	70	20	10		100
地块一EPC	65	20	10		95
地块一监理	65	20	10		95
地块二EPC	65	20	10		95
地块二监理	65	20	10		95

同时，项目已通过市安全生产与文明施工优良工地的初评。初评达到"建设工程项目施工安全生产标准化工地"评选标准。项目安全管控体系健全，过程措施科学有效，各项安全管理思路正确。在安全生产方面，项目杜绝了较大及以上生产安全事故的发生，未发生重大火灾事故和环境污染事件，项目安全管控方法得当、效果显著。

6.1.6 防疫成效——零输入、零感染和零传播

项目建设期间要求各参建单位提高思想认识，成立疫情防控指挥部，制定防控预案和方案，落实相关单位责权划分。同时，严格按照市政府行政主管部门、建设单位等的有关规定，采取疫情防控应急演练、防疫宣传、

信息化管理平台应用、智慧工地等一系列措施，落实疫情防控常态化管理。现场进行封闭式管理，严格核查进场人员健康情况，提供48小时核酸检测结果、疫苗接种记录、行程码等资料，并进行一人一档建档以及实名制登记，落实"5个100%"（100%实名登记、100%核酸检测、100%疫苗接种、100%行程排查、100%"双报告"）。通过参建各方不懈努力，实现疫情防控"零输入、零感染、零传播"。

6.1.7 社会成效——平战结合，形成示范引领效应

项目的及时投入使用为政府职能部门合理、有序地疏导疫情防控压力，调配医护资源，形成人员隔离流转机制提供了极其重要的调度空间，有效防止出现区域性医疗资源紧张甚至告罄的情况，对提升全市疫情防控水平和防控成效，产生了不可替代的、难以估量的社会效益。备豫不虞，为国常道。应急隔离酒店是阻击疫情的首道防线，重要性不言而喻，但同时也要避免疫情结束后的资源浪费。项目创新打造样板，开展了全新的尝试和探索，对有限的资源进行高效整合，快速转换以适应"平时、战疫"两种工况下的社会需求。一方面有效应对现实急迫需求，另一方面着眼于产生持续效益，有效提高土地利用效率和社会经济效益，实现"一次投入，两种效益"。项目坚持以人民为中心，项目的成功实践体现了党的理想信念、性质宗旨、初心使命，向时代和人民交出了一份优异的答卷。

目前，项目已开始疫后适配改造工作，通过少量改造即可完成功能转换，已有2栋酒店对外正式营业。此外，项目采用模块化集成、全过程绿色和高科技赋能等多种技术，对建筑行业发展具有重要的示范效应。

1. 模块化集成，树立工业化建筑新标杆

项目采用标准化设计、模块化建造和系统化组织，结合户型标准化、构件标准化、模块化钢结构组合房屋建造等技术手段，采用保温隔热装饰一体化的单元式幕墙系统、轻钢龙骨隔墙体系、装配式装修以及管线分离等多项技术措施，实现了超高装配率，极大地缩短了项目建设周期，为防疫抗疫争取了宝贵的时间。项目一装配式建筑评价情况如表6.1-5所示。

项目一装配式建筑评价表　　　　表6.1-5

评价标准	分区	地块一	地块二	项目（平均值）
装配率水平 （依据《装配式建筑评价标准》 GB/T 51129—2017）	多层	100%	100%	100%
	高层	93.6%	91.0%	92.3%
	地块整体	94.8%	93.8%	94.3%
装配率评价 （依据项目所在地装配式建筑评分规则）	多层	102	101	101
	高层	100.9	100	

依据国家标准《装配式建筑评价标准》GB/T 51129—2017，地块一装配率为94.8%，地块二装配率为93.8%，项目总体装配率为94.3%，达到了国家最高等级AAA级装配式建筑标准。其中，多层楼栋，两个地块装配率均为100%；高层楼栋，地块一装配率为93.6%，地块二装配率为91%。依据地方装配式建筑评分规则，地块一装配式建筑得分为101.1分，地块二得分为100.3分，项目总体装配式建筑达到101分，远超市装配式建筑认定标准（50分）。项目通过超高装配率实现快速建造的成功实践（图6.1-2），成为国内装配式建筑的标杆。

2. 全过程绿色，减污降碳示范效应明显

为践行国家"双碳"目标，促进绿色发展，将建筑废弃物资源化、无害化等绿色及可持续发展理念贯穿整个设计、施工和安装流程。从新型绿色建造方式的选择到建筑废弃物的源头产生及产生后的分类、处理处置及资源化回收利用等环节，从选材设计、工艺技术及配套管理等方面，将绿色施工理念渗透到整个施工环节，实现减排目标。

项目通过建筑废弃物管理制度、减量化技术和处理技术，利用"六分

（a）箱体吊装作业

（b）建筑拼装完成

图6.1-2　模块化集成建造现场

法"分类收集管理现场建筑废弃物（不含渣土），采取"源头识别+措施管控"方式，实现综合利用。以地块一为例，最终排放量为高层建筑162.47t/万m²，多层建筑64.81t/万m²，加权平均为146.79t/万m²，比传统项目降低约75%，比国家建筑工程绿色施工评价标准降低约50%，比国家"十四五"装配式建筑废弃物排放目标要求降低约25%。项目建设废弃物排放水平如表6.1-6所示。

项目建设废弃物排放水平统计表　　　　　　　表6.1-6

统计对象		地块一	地块二	项目
排放水平 （t/万m²）	多层	64.81	30.88	45.73
	高层	162.47	202.46	179.31
	附属结构	263.35	—	—
	整体	146.79	149.78	148.09
排放水平对比	对比对象	对比结果		
	传统项目 （600t/万m²）	24.47%	24.96%	24.68%
	绿色施工标准 （300t/万m²）	48.93%	49.93%	49.36%
	"十四五"目标 （200t/万m²）	73.40%	74.89%	74.05%

项目采取医疗废弃物就地焚烧的方式，设计处理规模为5t/天，采用国内领先的高温热解处理工艺（图6.1-3）。废气排放标准采用市医疗废物集中处置中心采用的医疗废物处置排放标准，为全国最严格标准之一。项目污水处理采用二次消毒+强化生物污水处理，排放指标满足《医疗机构水污染物排放标准》GB 18466—2005的要求，其中关键指标满足传染病、结核病医疗机构水污染物排放标准（图6.1-4）。

图6.1-3　垃圾焚烧站

图6.1-4　污水处理站

项目采用了绿色建筑设计理念，按照《绿色建筑评价标准》GB/T 50378—2019进行初评，绿色建筑技术要求满足二星级要求且每类指标评分项得分不小于其评分项满分值的30%，评分项与加分项的加权总得分达到二星级标准，处于行业前列。

3. 高科技赋能，突破建筑行业短板

本项目实行"全过程、场景式"BIM实施，通过装配式建造模式与BIM+数字化融合应用，BIM技术在设计、生产、运输、施工、竣工阶段累计应用场景达21个，应用子项5991项，有效实现科技赋能、科学管理，助力项目快速建造。其中，BIM+箱体模型深化和BIM+机电集成模块加工两项场景的应用深度为国内领先，应用成果指导精细化建造以实现一次成优；BIM+智能交通指挥调度场景为国内创新应用，通过BIM+GPS+智慧工地系统，实时展示建筑部品部件运输轨迹，指导现场灵活调度。

项目以现场场景化BIM应用为手段，以BIM成果解决现场若干实际问题为导向，进行全专业BIM实施与管理。设计阶段依托BIM技术，建立BIM工作环境，以BIM辅助设计为导向，针对高层和多层的不同体系创建全专业模型及应用，强化设计检核，提前消除设计的"错漏碰缺"，实现短时间内设计完成及质量保证，并辅助进行设计交底、定案；深化设计阶段以现场快速建造为目标，通过总包统筹、分包配合的项目BIM实施路线，创建统一BIM应用环境，总承包单位统一协调管理，EPC总承包单位负责审核，各分包单位根据项目要求将施工工艺、施工方案、施工可行性等信息引入施工图深化设计，完成各自合同内深化模型创建及图纸生成；施工阶段利用BIM技术辅助施工场地规划、施工组织与协调、重难点施工方案模拟优化、轻量化平台展示等；竣工交付阶段提交竣工模型及竣工资料。

6.2 在项目二中的应用成效

6.2.1 党建成效——外塑形象，内聚人心

1. 党建引领建设，项目如期完成

项目自立项以来就面临重重困难和考验，组建的项目临时党支部立足"前瞻思考、系统谋划、战略布局、一体推进"的工作思路，秉持"先生产、

后生活"的工作理念，高效推进工程建设。一是第一时间委派先遣队深入现场勘测，更正数据偏差；二是全面摸排资源，加快招采进度；三是修建临时钢栈桥，及时打通运输动脉。同时布置4大堆场，科学测算资源投入，并储备箱体3000多个，逐步为"建造"做好准备、做强支撑，搭建了各职能线横向到边，土建、钢结构、机电、装饰、医疗等专业线纵向到底的管理体系。

在临时党支部的科学引领、正确指挥下，工程攻坚团队依托"三图一曲线"将计划可视化，应用物联网设计将现场信息化，透过制度流程将管理标准化，聚智聚力实现了7天建成临时钢栈桥、进场后1天完成6.3万 m² 的场平、3天完成1.6万 m³ 混凝土浇筑（一期混凝土总方量约1.8万 m³）、5天完成4000多个箱体拼装、30天竣工交付应急医院（一期）工程，以及51天项目全面竣工交付。300余家参建单位和2万余名建设者，逆行驰援，依靠"科学+拼搏"的精神，用51天在荒滩之上抢建出一艘"生命之舟"，再次向全世界展现了"中国力量"和"中国速度"。

2. 统筹文化宣传，筑就项目精品

本项目实现覆盖全媒体的矩阵式宣传。从2022年3月6日至5月7日，媒体聚焦工程建设发稿7200余篇，其中核心媒体90篇。此外，项目电影团队驻场忠实纪录，由曹金玲执导的《不孤岛》纪录电影也已上映。

3. 统筹人员退场，践行责任关怀

项目临时党支部做好做实退场关怀工作，为工友提供"暖心九条"服务（一条欢迎横幅、一声温暖问候、一封慰问信、一个暖心礼包、一揽子健康服务、一套个性化餐饮、一条暖心热线、一份生日祝福、一份特色纪念品）；打造建设者功勋墙供合影留念；提供充足的生活保障，给予退场人员英雄礼遇。同时，为切实保障工友合法权益，成立了由项目临时党支部领导的应急专班，以"应付尽付、应付快付、应付全付"为原则，先后保障4万余名工友平稳退场。

从2022年3月5日第一批先遣队退场到5月31日最后一批项目人员离场，临时党支部通过在岛内设立一站式服务中心，为工友提供87天服务，完成了2万余人次的慰问物资发放。其中，文化衫23000件，毛巾被、水杯、感谢信、退场卡31460套，纪念帽22060个。在休养期间，举办了2期退场人员线上文艺大赛，征集摄影作品361张，文字作品160篇，制作了400余条横幅以及建设者功勋墙。所制作的短视频获得大批工友点赞，对休养人员实现了全方位的关怀。

6.2.2 进度成效——展示中国速度与力量

1. 总体进度成效

"争分夺秒抢工期，一丝不苟建精品"。项目自启动以来就时刻在与时间赛跑，自2022年2月19日接到建设任务，项目选址、各方需求、运营单位尚未确定，外围输入条件尚未明确。在这种情况下，长度156m、宽度36m的钢栈桥于2月26日动工，3月6日正式开通，历时9天。应急医院于2022年3月6日动工，4月20日竣工交付（其中一期于4月4日完工，4月7日交付），历时46天。方舱设施于3月22日开工，4月25日竣工交付，历时35天。两项工程共历时51天，交付负压床位1000张，方舱床位10056张，后勤宿舍3500间，配备常规检查、实验、CT和DR检查、手术等各类医技用房；生活配套区可供6500名医护工作人员休息与办公。项目在一片零基础设施的荒滩上建成了全负压、全配套的传染病应急医院和方舱设施，且是通过跨境作业，实现了高质量、高标准、快速按期交付，把不可能变成了现实，再次刷新了建设速度，展示了中国速度与力量。

2. 设计进度成效

2022年2月19日，接到建设任务之时，项目选址、建设规模、建设标准、运营单位需求主体及建设单位主体等一切未知，项目设计工作推进困难重重，而3月6日需要正式开始建设。针对时间紧、任务重、协调多的特点，使用单位、建设单位、EPC总承包单位以及监理单位统一思想，同心聚力。EPC总承包单位组织80余名设计人员当天到位，多阶段、多专业融合设计，施工图设计团队与深化设计团队驻点联合办公；建设单位设计管理团队及监理单位设计管理团队第一时间驻场参与设计管理及图纸审核，深化设计与施工图设计几乎是同步推进，打响了项目设计第一枪。基于科学的管理理念及拼搏的工作氛围，项目取得了卓越的设计成就。在项目建设内容确定后，3天完成了一期方案，6天完成了一期基础施工图，12天完成了应急医院及配套设施主体施工图，6天完成了医技、污水处理站、厨房等专项施工图，6天完成了方舱设施全套施工图。2022年3月5日前，完成了设计交底工作，为项目的正式建设奠定了坚实的基础。

3. 招采进度成效

本项目建设体量大、工期短，要求快速组织大量资源，平均每天需要完成产值5000万以上且持续60天，人员、材料、机械的需求远超常规情况。项目的采购时间从平时的50天极限压缩到5天，在2022年3月5日前，前期建设所需人、材、机必须储备完毕。EPC总承包单位第一时间组建紧急招采工作组，紧急召开招采会议决策招采方式，7天内累计摸排资源425家，锁定箱体储备21900套，锁定独立卫浴储备10160套等，标前澄清约谈377次，10天内完成220项招采，9天内完成194份合同签订盖章，高效保障了项目建设的资源供应。

4. 施工进度成效

本项目采用钢结构装配式模块化产品，运用"工厂+现场"的建造模式，通过以BIM为基础的数字化管理平台，实现了项目的科学管理、智慧决策和绿色施工。项目组未雨绸缪，精心部署，在栈桥开通前，委派先遣队深入项目现场，清扫障碍；布置4大堆场，储备3000多个箱体；修建栈桥，打通运输动脉；计算资源投入，沙盘演练。2022年3月6日，项目各参建单位主力部队正式赶赴现场。面对艰苦的生活及办公条件，项目团队毅然秉承"先生产、后生活"的理念，科学组织，精心建设。为了打赢决战，项目部建立工区线、专业线、职能线相互交织的矩阵式组织，利用"三图一曲线"将施工计划可视化，利用物联网设计将施工现场信息化，利用制度流程将施工管理标准化；再借助劳动竞赛激发组织活力，借助每日协调会压实各方责任，实现了现场"比学赶超、大干快上"的生产氛围。面对防疫要求严格、生产环境艰苦、高峰期超2万人同时作业、项目参与总人数达40897人、累计用工504536人次、车流量2883车次，设备400多台等高压环境，项目实现了进场后1天完成6.3万m²的场平，3天完成1.6万m³混凝土浇筑（一期混凝土总方量约1.8万m³），5天完成4000多个箱体拼装的速度，以及5天绝对工期实现5500多个箱体全部吊装，9天制造完成36个高承载、按永久建筑标准打造的医疗单元模块的高强度作业，30天完成了一期建设交付，46天完成了二期建设交付，51天全部建成交付。

6.2.3 投资成效——成本控制确保结算

尽管本项目由于建设事项紧急，在项目之初无法通过竞价形式制定有价格的工程量清单，但是在项目实施过程中，通过对工程进展和实际费用的测算、内部严密的讨论，以及口头和书面征求意见，及时形成了"以清单计价为主、按实计量为辅"的原则，在极短的时间内完成了匡算的编制工作，为项目投资估算的精准度提供了重要条件。在应急抢险背景下，成本控制和结算资料的完整性是两大难题。但本项目充分发挥"IPMT+EPC+监理"三线并行的优势，采用匡算控制预算的方式，实现了成本控制效果；通过前后台联动、实时统计人工与机械数量、每日收集资料等形式确保了项目结算的顺利进行。项目于2023年6月26日取得了财政评审报告，财政评审扣减率低于5%。本项目充分表明，即便是"急难险重"项目，也能在建设过程中做好投资管控与资料归档。

6.2.4 质量成效——保质保量完成任务

1. 建筑功能配置高规格

尽管时间紧迫，项目前期还面临着资源紧张、缺水缺电等难题，但项目施工中的建筑功能仍保持最高规格。项目整体采用装配式模块化集成建筑，建筑物的结构、内装与外饰、机电、给水排水与暖通等90%以上的工序可在工厂实现标准化集成，确保在极短的工期内实现高质量的建设。同时，建筑采用钢支墩架空箱体，能够有效避免雨水对建筑箱体底部的侵蚀，适合该地区潮湿、多虫等环境。

项目设计严格遵循国家防疫管理相关政策及规范标准等，总体规划明确划分功能分区及洁污分区，严格执行"三区两通道"标准，隔离人员、医护工勤人员、洁净物资、污物流线相互独立，在保证卫生安全的基础上，实现医疗流程的顺畅高效。虽然按临时建筑设计，但项目各项功能完备，设置ICU床位100张，普通病床900张，方舱床位10056张；1间万级负压复合手术室（含DSA）、2间十万级负压手术室；配有3台CT、1台MRI、1台DR、内镜等大型医疗设备，设置中心供应、检验科、输血科等医技用房，具备新冠定点医院救治能力。此外，项目配备厨房、指挥中心等配套设施，可保证医院独立、高效、舒适、安全地运营。

2. 设计人性化

项目在隔离人员房型设计、无障碍设计、室内装饰设计、景观环境营造、人员安全保障等方面积极满足人性化、舒适性的需求（图6.2-1）。

应急医院及方舱医院的隔离人员房间均设有独立卫浴，有单人间、双人间等多种房型，满足多元化隔离需求。同时，引入绿植景观，在视觉上弱化区域划分感，营造自然疗愈的景观氛围，构建保健型植物群落，促进院区人员的身心健康。病房室内装饰采用光面平整、易消毒饰面材料，色调淡雅，营造舒心氛围，以提升居住体验感。房间配置变频冷暖分体空调，并设置通风系统，为患者提供舒适的治疗环境。在室内外空间设计方面，通过花园式

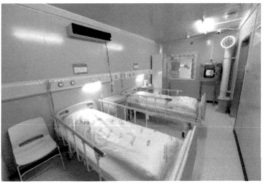

图6.2-1　室外（局部）实景与普通标准病房实景

室外景观、宽敞室内走道、休息间、独立就餐区等一系列设计举措，既满足人性化体验又适应疫情防控需求，提升了医护工作的环境品质。

3. 专业化技术高标准

项目设计使用年限为5年。在极限施工工期的背景下，项目仍实现了较高标准的专业化设计，高质量、高规格地满足了项目需求。其中，污水处理站（图6.2-2）采用严格的准四类水标准进行处理后排放，医院区污废水通气管均设置消杀装置，废水废气排放完全达标，确保医院对外部环境的影响降到最低。生活用水全部采用加压供水，水箱按最高日用水量的50%进行储备，供水主管选用316L型高端材质，并采用环网供水，确保院区用水安全、安心。医院内负压梯度通过设定不同送排风量，能有效控制气流从清洁区→半污染区→污染区单向流动，给护理单元区域提供合理的气流组织，避免出现院内感染。作为医疗机构，最为关键的是保证充分的电源供给，项目

图6.2-2　污水处理站实景

现场不具备电力资源，修建时采用了多电源供电模式和分布式变配电系统，院区内采用"双环网线路供电+柴油发电机备用电源+重点区域不间断电源UPS+局部IT系统"的供配电系统架构，可确保在治疗过程中不断电。

4. 院区智慧运营高配置

计算机网络系统（含Wi-Fi）的4套网络均采用双核心、双链路的10G全光网络设计，系统之间采用物理隔离；应急医院区域Wi-Fi全覆盖，满足医疗设备接入需求。视频监控系统采用数字高清摄像机，一般区域采用400万像素高清摄像机，重点区域采用800万像素高清摄像机。红区进入绿区缓冲间、负压病房等区域设置AB门门禁系统；采用免接触认证方式，认证等级为国密级，确保项目安防等级。病房与护士站可实现语音对讲，结合病房显示大屏、走道LED显示牌、病房门口机等及时提供医护服务，医护亦可通过病房门口机呼叫护士站主机并实现全双工对讲；周界围墙设置高清智能分析摄像机，具备越线检测、区域入侵、攀爬高墙等分析功能。

5. 全过程高质量BIM技术标准

以"正向设计、全场景、全过程"BIM技术应用为目标，通过装配式建造模式与"BIM+数字化"融合应用，项目在设计、生产、运输、施工环节充分利用BIM技术应用场景，有效实现科技赋能科学管理，助力项目快速建造。

（1）数字化设计

伴随式数字化协同设计，可弥补二维设计的不足及缺陷，全方位地快速展示设计理念，同时通过各专业协同设计，提前实现装配化与建筑功能的匹配。

（2）工厂化预制

利用基于BIM模型的设计和建造信息，驱动箱体、机电、卫浴等部品部件的工厂预制。

（3）可视化追踪

利用EPC总承包单位开发的"装配式智慧建造管理平台"，通过"部品部件唯一编码+车牌号+GPS"的信息融合技术，实现精准在途管理和部品部件状态管理。

（4）工业化装配

现场通过VR全景、爆炸图、轻量化模型等现场施工BIM指导书，从虚拟建造交底、施工技术要求、过程质量控制等方面进一步挖掘数字化价值，助力各项作业一次成优；通过沉浸式AR进行现场放样及验收，全面提升项目验收效率及质量。

6. 未来应用的可持续性

应急医院的建设不仅考虑了应对新冠疫情的需求，也考虑到疫情后的可持续性使用需求。因此，在院区内建设了完备的医疗建筑和设备设施，且考虑其结构安全性能，在设计时均具有一定富余，以确保疫情后仍可作为独立的医疗系统使用。

6.2.5 安全成效——零事故零伤亡

作为需要24小时不间断施工的极限工期项目，安全生产管理任务极为艰巨。面对点多面广、热火朝天的施工形势，项目明确"统一标准、严格执行、齐抓共管"的安全生产管理思路。项目安全管理目标为坚持"零事故、零伤亡"。在现场施工人员密集、各类设备和工器具繁多、人员管控的高峰期场内作业人员超2万人的情况下，控制作业人员的"三违"（违章作业、违章指挥、违反劳动操作规程）行为面临巨大挑战。机械设备管控方面，高峰期有110余台起重机同时作业，2000多辆运输车辆进场，吊装、交通压力巨大。而从作业环境来看，高处作业、交叉作业、夜间施工等均需要确保安全可靠的作业环境。

围绕人员、机械设备、作业环境这三个方面的管控重点难点，项目团队制定了6类15项安全生产管理规定，并提炼为"吊装作业四到位、高处作业三个有、动火作业四个一"等管理口诀，做到管理标准统一。项目在风险防控环节突出标本兼治，推行标准化安全措施及充电式手持工器具，安排专人24小时排查进场设备，对不符合要求的施工器具直接收缴，严把入场关，提升安全水平；推行"四队一制"，实行工区管理制，明确工区安全管理责任，每日开展安全巡查，确保一般隐患立即改、重大隐患不过夜。项目在责任落实环节体现齐抓共管，开展工区、分包单位"安全生产红黑榜"评比，压实主体责任；开展"行为安全之星""平安班组""安全守护者"评比，激发主动安全意识。在全体参建人员的共同努力下，最终项目建设安全、平稳地完成，实现了"零事故、零伤亡"的安全目标。

6.2.6 防疫成效——双统筹双胜利

项目防疫工作首要原则就是"快"，措施推行要快、动作落实要快、应急响应要快，以时不我待、只争朝夕的态度开展防疫工作。但同时也要避免盲动，紧扣工程建设和疫情防控"双统筹、双胜利"的目标，充分考虑对工期的影响，做好事前预案，谋定而后动。由于现场集结了2万余人，在工作、用餐、交流、交通、出入现场等环节均可能存在新冠疫情传播的风险。如果在封闭区域出现疫情扩散，后果将不堪设想。建设单位与工程总承包、设计、监理等所有参建单位严防"四大风险"、把好"六大关口"、执行"四个分开"、做到"三个严格"，以高度的政治责任感、强有力的管控手段，融合新型信息化技术，筑牢疫情防控防线。

项目在组织层面建立了一套三级防控体系，防疫团队总人数超过300人，层层压实责任，先后形成了34份防疫专项方案，构建起一套周详缜密的疫情防控制度体系，保障了防疫工作"一体化、网格化"需要，成功实现了项目疫情防控目标任务，保证了防疫工作快而不乱。

施工现场单日核酸采样样本最高峰达15000人次，累计完成核酸检测70余万人次；日均发放各类型口罩16000余只，免洗洗手液500余瓶，消毒喷雾600余瓶，各类常用药品600余盒；医疗服务站日均接待超过250人次；日均对现场消杀3次，通排拉网巡查2次；日均储备各类防疫物资可供在场人员使用14天以上。此外，项目还将疫情防控工作前置，择址设置了"一站式服务中心"，该中心集成了防疫审核、实名制注册、安全教育、核酸检测、工友车站等多种功能，24小时为参建人员提供服务。在既定工期内，项目顺利完成施工，实现了"双统筹、双胜利"的目标。

6.2.7 社会成效——抢建"生命之舟"

项目实现了在荒滩上抢建"生命之舟"的工程奇迹。从一片荒芜到设施完备，抢建"生命之舟"的2万多名建设者从五湖四海集结于此，200多家参建单位，争分夺秒投入"大会战"，克服了异常艰苦的条件，仅用51天的时间完成了大型应急医院和方舱设施的建设任务。

6.3 在项目三中的应用成效

6.3.1 党建成效——打造特色党建品牌

本项目建设单位始终坚持"围绕业务抓党建、抓好党建促业务"，深入学习贯彻习近平新时代中国特色社会主义思想，大力推进加强党的基层组织建设和党员干部队伍示范引领作用，带领项目临时党支部深入各项建设工作，从而取得新进展、新成效。项目力求打造"支部建在项目上、党旗飘在工地上"特色党建品牌，通过临时党支部将各参建单位的流动党员组织起来，建立党群服务中心，以党建促生产、带生产，实现项目党建与工程管理双融共促，取得了积极的党建成效。

同时，通过党员的纽带作用，加强参建各方的联系，帮助解决实际困难，把党的关怀传递到位；通过临时党支部与属地党组织的共建，整合各方社会资源，服务员工；通过开展"党建+"系列活动，在工程建设中发挥党支部的战斗堡垒作用和党员的先锋模范作用。哪里有困难、哪里有短板、哪里有需要，"党建+"活动就开展到哪里。项目通过"党建+安全""党建+防疫"和"党建+人文关怀"系列活动，使鲜红的党旗飘扬在防控疫情斗争的第一线，切实推进了项目的顺利执行。

6.3.2 进度成效——创造新时代速度

1. 总体进度

项目用效率与时间赛跑、用激情与疫情较量。20天，项目基本完工，总建筑面积6.9万m^2，总床位数1000张，其中负压床位800张、ICU床位16张，配备检验、实验、CT和DR检查、手术等医技用房，以及可供100名医护人员休息和办公的生活配套区，整体功能完全满足传染病应急医院的需求，创造了新时代速度。如表6.3-1所示。

项目三各项工作及其新时代速度 表6.3-1

工作领域	新时代速度表现
建筑设计	1小时设计人员到位，1天完成方案设计，3天完成施工图设计
基础工程	1天完成9.2万m^2的场地清理，2天完成6万m^3的土方挖运，4天完成全部混凝土浇筑
主体工程	7天完成2560个集装箱的吊装就位，其中最高峰10小时内完成360个集装箱进场，24小时完成544个集装箱安装就位
装饰工程	12天完成装饰施工
机电工程	11天完成机电安装，15天项目正式通电。值得一提的是，医疗机电工程专业要求高、难度大，安装调试尤为复杂，短期完成殊为不易
景观工程	室外总体工程、景观工程与建筑主体同步形成，实现了花园式院区的建设目标，为医患提供更好的救治环境

工作领域	新时代速度表现
招标采购	仅用10小时确保项目13个单元2560个集装箱，从全国10余个城市发往项目；仅用36小时锁定108家专业资源、各类机械设备498台，为项目高效推进提供强力支撑
投资管理	6天完成项目测算，13天完成整个项目的预算报告

2. 设计进度

自2020年1月28日项目设计单位以及项目选址确立后，建设单位内部设立设计管理小组，联合设计单位开展项目的各阶段设计工作，并取得显著成效。在方案设计阶段，自1月28日起，仅用1天时间便完成了项目建设方案，包括总体布局方案以及用地条件。随后进入施工图设计阶段，设计人员24小时轮班工作，于2月5日完成了全部施工图。为满足集成管理的需求，BIM技术的运用贯穿了设计全周期，其工作内容包括：BIM模型的搭建、施工工艺动画、护理单元720云VR全景图、4D施工模拟分析场景漫游等，相关工作于2月9日全部完成。其关键节点如表6.3-2所示。

设计工作关键节点　　　　　　　　　　表6.3-2

时间	工作内容
2020.01.28	项目建设方案规划工作开始
2020.01.29	项目勘探，排布用地方案
2020.01.30	确定用地方案，解决接入市政路网、管网引入问题
2020.01.31	基本确定项目建设方案，包括总体布局方案以及用地条件
2020.02.01	完成建筑方案定案并与医院讨论；施工图设计工作开始；BIM模型搭建工作同步开始
2020.02.02	管线坐标测量完成；项目总图、室外管线图和建筑平面图初稿完成
2020.02.05	项目设计方案确立，地基处理方式及底板方案完成总图修改；场地及建筑箱体BIM模型初稿完成；施工图设计工作完成
2020.02.06	A地块的设计工作进入初步概念设计阶段
2020.02.08	BIM模型得到进一步完善，BIM模型搭建、施工工艺动画、护理单元720云VR全景图、场景漫游等完成；A地块国家感染性疾病临床医学研究中心规划设计取得进展，方案初版完成
2020.02.09	A地块国家感染性疾病临床医学研究中心规划设计方案第二版完成
2020.02.10	应急院区院感设计通过专家评审，获得一致好评；BIM工作4D施工模拟分析完成

时间	工作内容
2020.02.11	设计总图和室外管线图纸结合现场施工情况实时修改；消防室外消火栓环网设计完成；边坡施工图完成专家评审；高流量供氧病房设计调整完成；BIM所有工作完成
2020.02.12	北侧污泥转运场雨水排水解决方案及景观、标识系统方案完成确认
2020.02.13	项目主体设计工作基本完成，后续设计单位驻场协助施工工作；对污水处理站进行优化设计；A地块国家感染性疾病临床医学研究中心概念设计第二版开始
2020.02.18	完成A地块概念设计两种，供研讨比选

3. 施工进度

本项目建设采用施工与设计并行的模式，分为施工前准备和正式施工两个阶段。施工前准备阶段工作内容包括：材料、施工人员、设备的准备，场地清理等。本项目自2020年1月28日选址确定后，场地清理工作就随即开展了，并于2月4日前完成全部施工前准备工作。正式施工阶段工作内容包括：场平、基坑支护、施工便道、道路管网施工、路面施工、底板浇筑、边坡支护、箱房安装等。本项目于2020年2月19日基本完成主体施工。其关键节点如表6.3-3所示。

施工工作关键节点　　　　　　　　　　表6.3-3

时间	工作内容
2020.01.28	施工场地清理工作开始
2020.01.31	土地平整、管线预埋工作开始
2020.02.01	部分混凝土浇筑工作开始，包括混凝土带浇筑、模块化集装箱区域混凝土浇筑
2020.02.03	项目建设所需的23000m³级配碎石全部进场
2020.02.04	场地平整（约89000m²）基本完成；第一条混凝土带浇筑完成；模块化集装箱区域混凝土浇筑完成4500m²。项目现阶段施工所需的管理人员及施工人员按时到场，约1100人；各类机械设备约140台；模块化集装箱进场692套，拼装半成品箱体约450套。施工准备工作基本完成，项目正式进入施工阶段
2020.02.05	雨水管开挖工作开始
2020.02.08	管网线路的雨污水管铺设基本完成；电力、通信管线铺设全面展开；西侧边坡修整完成
2020.02.09	针对13日强降雨预警，对施工方案进行相应调整，室外配套工程施工抓紧进行以防止因大雨带来的施工进度延缓

时间	工作内容
2020.02.10	南侧医护生活用房及库房底板混凝土浇筑完成；管网线路的雨污水管铺设基本完成
2020.02.12	南、北侧市政道路基本完成；电力、雨污水管、通信管网、给水管线铺设基本完成；西侧第三级边坡支护基本完成
2020.02.13	机房基本完工；医护生活区及医务办公区箱体基本吊装就位；所有打包箱体共计2560套到达施工现场
2020.02.14—16	医护生活用房3层钢结构搭接基本完成，各类配套设施逐步完善，氧气站、水泵房基础、雨污水管道铺设加紧进行；光缆铺设、送电工作、智能化安装等工作有序开展。库房主体基本完成，进行施工地板铺设；南侧绿化完成50%，北侧绿化完成30%。至此，项目土建工程完成约97%，机电安装工程完成约85%，市政配套工程完成约85%，总体完成约87%
2020.02.17	化粪池回填、氧气站基础、水泵房、生活垃圾房、基础基本完成；医务办公区监控屏安装到位；计量柜送电完成，西侧环网柜送电完成；库房主体完成；智能化设备开始进场安装
2020.02.19	项目主体建设基本完成，室外电力管道基本贯通；计量柜与环网柜送电完成；生活垃圾房、医疗垃圾房、负压机房完成"两布一膜"；东侧道路以及相关配套设施、绿化工程加紧建设

4. 资源调配进度

由于项目建设处于春节期间，又值疫情增长高峰，人力、材料、设备的组织与采购成为项目建设的巨大挑战。建设单位项目指挥部于2020年1月28日联合工程总承包单位、全过程工程咨询单位及各专业单位派出的物料采购负责人和具体联系人，加入指挥部下设的项目材料设备组，全程协同项目组开展建设，先后解决了混凝土供应短缺、石材供应不足、风管风口等材料设备到场滞后的问题。

资源调配工作主要包括采购工作和人力、机械设备资源组织两部分。采购工作方面，2020年2月3日，项目建设所需的23000m³级配碎石全部进场；2月13日，所有打包箱体共计2560套运抵施工现场；2月17日，其他主要材料设备均进场到货。总体来看，各个阶段施工所需要的材料设备均按照方案落实到位。人力、机械设备资源组织方面，2月4日，项目施工正式开展第一天便落实现场管理人员和施工人员约1100人，各类施工机械设备约140台。截至2月19日项目主体施工基本完成时，施工现场投入管理人员和施工人员高峰时达约13000人，各类施工机械设备约490台。充足的人力、机械设备保障了建设工作的高效开展。资源调配工作关键节点如表6.3-4所示。

| 资源调配工作关键节点 | 表6.3-4 |

时间	工作内容
2020.01.28	建设单位成立项目指挥部，下设材料设备组，对项目采购工作进行统一管理；工程总承包单位招采组紧急成立专门小组负责箱体招采工作
2020.02.01	全过程造价咨询单位建立应急联合采购小组，对项目现场采购工作进行管理，对现场采购人员进行分工，对项目现场的人员和机械变更情况进行统计与核实
2020.02.03	项目建设所需的23000m³级配碎石全部进场
2020.02.04	项目现场投入管理人员和施工人员约1100人，各类施工机械设备约140台；强电、弱电、给水排水、通风空调、医疗工艺等专业分包单位和建筑围挡供应商确定；模块化集装箱进场692套
2020.02.05	风机、分体式空调、风口及阀门、过滤器变电站、发电机、灯具、电缆、门禁、监控、停车场管理系统、网络系统等部分水暖和强弱电品牌确认完成
2020.02.09	模块化集装箱进场1425套，约完成总量的60%；半成品箱体拼装完成1070套，约完成总量的45%；三箱配电箱到货30%
2020.02.13	现场所需材料设备均按计划进场；所有打包箱体共计256套到达施工现场
2020.02.15	低噪声离心风机箱、风机按时进场
2020.02.17	主要材料设备均运抵施工现场
2020.02.19	项目现场投入管理人员和施工人员约13000人，各类施工机械设备约490台

6.3.3 投资成效——追求进度兼顾投资控制

项目要在20天内完成1000床传染病应急医院的建设任务，可想而知，项目建设面临着设计、采购、施工的极限压缩。项目施工正值疫情及春节期间，人力成本及材料设备、施工机械等的采购价格均高于日常水平，因此，投资控制和工程造价管理需采取特殊的流程和方法。在充分发挥集中管理专业优势和汇总管理经验的基础上，结合项目建设的特殊性，协同各方，制定了非常规的投资工作机制，针对性地快速分析、研判投资目标和全过程造价管控措施。

在各种困难下，项目提前进行投资控制筹划，针对性地制定切实可行、贴合实际、科学合理的工作机制、实施方案和计量定价原则，最终实现了资金保障、投资可控、经济指标合理、快速结算等工作目标，完成了特殊工程的投资管控工作，实现了追求进度的同时兼顾投资控制。

6.3.4 质量成效——高质量高标准完成任务

项目建设不仅满足了传染病应急医院的功能需求，而且达到了当时国内应急院区建设的最高水平，体现了新时代的高质量和高标准（图6.3-1）。

图6.3-1　项目航拍图

1. 针对建筑可靠性的高质量标准

在项目建设过程中，建设单位了解到国内同类项目因雨水渗透问题而引发舆情。因此，工作人员迅速反应，自我加码，调整设计，率先采取增设钢结构坡屋面防水体系，即三重防水措施，从根本上解决了组合式房屋的渗漏问题。此外，项目采用高压、低压的双回路供电，搭建供配电智慧运维平台，其供电的安全性和可靠性超越同类医院。

2. 针对应急医院需求的高质量标准

针对废气排放处理，项目增加了真空排气消毒处理设施，以避免出现二次污染。针对废水排放处理，项目采用"超磁分离水体净化"新技术、"物化法+三级消毒"新工艺，增设尾气消毒装置，有效杀灭病毒和细菌，以避免污染周边环境。

3. 针对新冠疫情特殊性的高质量标准

项目采取高标准设计供氧系统，可满足全院区病患24小时同时吸氧需求，同时设置两个高流量供氧区护理单元，以补充和拓展ICU能力。此外，项目搭建了5G高科技系统，实现非接触式远程诊疗、探视，达到智慧医院的标准。

本项目建设不仅考虑到了当前应对疫情的需求，也考虑到了疫情后可持续性使用的需求。院区配备有完整的医疗建筑和设备，虽为临时建筑，设计使用寿命为5年，但涉及结构安全性能的设计都有一定的富余，疫情之后仍然可以作为独立医疗系统进行工作（图6.3-2）。

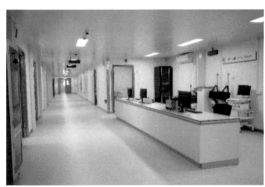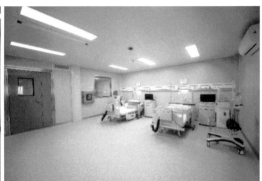

图6.3-2　护理单元实景

6.3.5 安全成效——安全管理零伤亡

现场施工作业人员密集，各类设备、工器具繁多，作业环境复杂，安全生产管理任务艰巨。为保证参建人员安全，项目启动内外联动的安全管理模式。建设单位安排专职安全督导组负责现场安全管理，同时派驻独立的第三方安全巡查工作专班对施工现场进行全生命周期的安全巡查管理，发现安全隐患后及时消除，实现安全生产风险防范和隐患处理的即时排查、排序、排解。最终项目没有发生一起安全事故，实现了项目"零伤亡"的安全管理目标。

6.3.6 防疫成效——认真防控零感染

项目施工现场涉及18个省、自治区、直辖市的92家参建单位，350多家材料供应商的人员，高峰期每天超过1万人次集中在施工现场。用餐、住宿、交通、现场出入、内部交流等各环节都存在疫情传播的风险，一旦触发则后果不堪设想。同时，项目还需随时应对寒潮、暴雨等极端天气影响。疫情当前，万人集结，这是一个空前的疫情防控和安全生产难题。建设单位与工程总承包、全过程咨询、设计等所有参建单位以高度的政治责任感、严密的组织、强有力的管控和信息化的手段，扎牢疫情防控防线，实现了项目建设全过程新冠病毒"零感染"的目标，为特殊时期统筹抓好项目疫情防控做出了先行示范（图6.3-3）。

（a）项目每日三次消杀　　　　　　　　（b）为参建人员测量体温

图6.3-3　防疫现场图

6.3.7 社会成效——纾解救治压力与体现示范作用

2020年初，项目投入使用，承担起全市唯一定点收治医院的任务并开展收治工作。运行4个月后，项目实现确诊患者、无症状感染者"双清零"，共收治患者462例，救治成功率高达99.4%，全院无一工作人员发生感染，展现了良好的救治能力，缓解了医疗压力。

同时，项目作为"样板性"的传染病应急医院建设项目，其党建引领、决策指挥、组织协调、施工过程、监督体系、技术应用等对于其他相关的应急医院建设项目具有示范作用。因此，项目具有极高的社会价值与重要的社会意义。

第7章
EPC模式在抢险救灾工程中的应用经验与建议

7.1 应用经验

7.1.1 坚守"党建铸魂、科技赋能"核心价值

EPC模式在抢险救灾工程中的应用不仅再次向全世界展示了中国速度与中国建设的力量，也再次证明在党的正确引领下，坚守以"党建铸魂、科技赋能"为核心价值的项目管理模式能够化解任何艰难险阻，最终取得伟大胜利；充分说明加强党的领导和党的建设是项目顺利完成的重要保证，技术创新是项目顺利完成的支撑引领。

在"党建铸魂"核心价值的指导下，项目成立临时党支部、临时党小组和工友党小组，设立党群服务中心，并持续开展"党建+"活动。这些举措能够充分发挥项目一线党员领导干部的"头雁"作用、基层党组织的战斗堡垒作用以及党员先锋模范作用，实现统一思想、凝聚共识，并成功完成看似不可能的任务。

在"科技赋能"核心价值的指导下，项目采用"1个智慧工地平台+N个模块"模式，实现数据的互联互通。通过综合运用人工智能、大数据及物联网等技术，实现对安全、质量、环境和防疫等方面的全面管控。项目研发应用新型建筑技术［内装式幕墙技术、交叉施工技术、模块化集成建筑、C-Smart智慧建造数字化平台、DFMA（面向制造和装配的设计）、BIM等］，赋能项目高效率、高质量建成。这些举措为项目的顺利进行提供了强有力的支持。

7.1.2 组建"IPMT+EPC+监理"高规格管理架构

抢险救灾工程采取"IPMT+EPC+监理"三线并行的高规格管理架构，能充分发挥"IPMT团队+建设单位项目指挥部+施工现场"三级联动优势，

实现抢险救灾工程组织架构一体化、设计施工采购一体化、管理流程和管理目标一体化。IPMT团队以资源最优化配置为导向，建立起扁平化矩阵式组织架构，包括决策、管理、执行三个层级。决策层由市直单位成立的工作专班组成，负责协调和决策重大问题；管理层以矩阵方式构建项目管理部，协调EPC总承包单位和监理单位，推进项目的各项事务；执行层由EPC总承包单位、监理单位和咨询单位组成，具体负责工程管理与建设任务。在IPMT的组织管控下，抢险救灾工程可以形成"3+1"层级管理（图7.1-1），即统筹协调政府部门和省市部门，提出建设决策等重大问题递交专班解决；统筹并落实项目建设决策等次重大问题由项目指挥部解决，建设过程中存在的一般问题则由项目管理组解决。这种多层级的协调机制保证了分工详尽、职责明确、流程清晰、决策有效和管控有序，快速解决了项目推进中的阻碍，避免了重大问题决策的延误和失误。

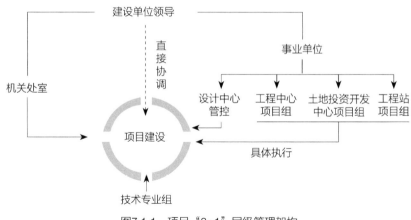

图7.1-1 项目"3+1"层级管理架构

EPC总承包单位在抢险救灾工程中发挥了关键作用。为圆满完成建设任务，EPC总承包单位可采取矩阵式管理，设立多个部门，并与监理单位的相应部门进行对接，与项目管理组的各工作组进行协作。EPC总承包单位关注实施，监理关注管控，二者目标统一、理念统一，各司其职、相互配合。这种高度耦合的实施与管控关系能够确保项目的无盲区管理，实现设计、采购、施工一体化，打通建设流程。EPC模式的应用经验能够为未来各类项目建设提供决策管理参考。

7.1.3 强化"三个维度"管控

在抢险救灾工程中，加强对目标、过程、协同这三个维度的管控工作能更好地管理复杂项目，保障项目的顺利实施。首先，强调全面、系统、有序地抓好各方面的任务目标，包括对项目建设的进度、质量、安全、投资等目标进行控制。其次，重视项目全生命周期的过程管控，通过有效的协调，确保项目建设单位、监理单位和EPC总承包单位等各参与方能够紧密配合。同时在设计、勘察、采购、建设、施工和运营等环节进行精细计划，以保持工作有序推进。最后，注重协同联动，不同部门和参建单位之间按照IPMT团队和专班（小组）模式，通力合作，协同作战，确保任务完成。

7.1.4 深化"六个统筹"工作

在抢险救灾工程项目实施中，深化六个方面的统筹工作至关重要。第一，要统筹工期进度，把握关键节点，压实主体责任。第二，要统筹优势资源，督促各参建单位将优质资源整合到项目建设当中，与建设单位强强联合。第三，要统筹现场管理，优化组织设计，明确责任，坚守底线，加强动态管控。第四，要统筹技术、管理措施，以流程化、清单化、可视化的指导书，把组织设计、专项方案的措施落到实处。第五，要统筹策划、部署、推进和检查工作，针对性地加强管理人员和员工的培训工作，以精细化的管理弥补产业工人缺乏的短板。第六，要统筹监督检查和奖惩工作，通过考核评价和激励措施，发挥杠杆效应，确保各项工作落到实处。

7.1.5 落实"八大机制"管理

在抢险救灾工程中，应用EPC模式能够以全局的视角高效推进工程建设，加强统筹管理有助于以问题为导向，将复杂问题的解决方式简单化，从而提高应对和解决问题的效率，实现项目的高效运行。该经验可以为未来各类项目建设提供统筹管理的参考。具体而言，抢险救灾工程可以采取的统筹管理方式主要涉及以下八大机制。

（1）密集调度机制：通过资源调度，保障施工进度，确保资源供给有序，并采用新型建造技术和交通调度策略，高效推进施工进程。

（2）多层级的重大问题协调解决机制：针对问题难度，分层次召开协调推进会，各级领导多次现场调研，确保项目顺利推进。

（3）日报清单机制：设立现场事项各类清单，并且每日编制项目日报，每周编制项目周报。各级领导督办事项清单，定时更新进展，确保不漏项，实现项目高质量建设。

（4）重大问题研判预警机制：针对台风、渗漏等风险，制定专项预案。一旦发生重大风险问题，立即进行研判并开展预警，以便及时解决。

（5）立项销项机制：对发现的问题进行立项，并动态跟踪解决进度，确保问题有条不紊地得到解决。

（6）监管体系责任机制：建立IPMT管理团队，强化合同管理和监理工作，细化质量安全管控体系。

（7）风险防控分级和分区管控机制：严格贯彻"平战结合"要求，根据工程需求，进行网格化固定区域管理，严格落实分级分区管控。

（8）多层级的巡查和考核奖惩机制：在全过程压实主体责任的基础上，强化重点管控、技术交底、督导抽查，确保项目安全、高质量地开展。

7.1.6 构建"三图两曲线"工期管控体系

为实现快速建造，达到装配式策划目标的要求，抢险救灾工程可通过构建"三图两曲线"工期管控体系来缩短项目建设周期。首先，要注重"三图"（网络计划图、甘特图、矩阵图）与"两曲线"（形象进度曲线、投资进度曲线）的体系性。"三图两曲线"是一套环环相扣的联动体系，每个项目的"三图"应通过同一套"节点（任务）集"实现与"两曲线"的关联和衔接。例如，甘特图及工作量矩阵图的计划和完成情况应分别对应形象进度曲线中的计划完成投资曲线和实际完成投资曲线。其次，要落实"三图两曲线"全周期编制。按项目全周期、年度、季度分别编制甘特图和形象进度曲线。其中，全周期曲线以季度为单位，年度曲线以月为单位，季度曲线以周为单位。按日填报工作量矩阵图，实现以日保周，以周保月，以月保季，以季保年。最后，要加强"三图两曲线"调度应用。将"三图两曲线"分层级嵌入项目日报、周报、月报中，实时展示进度情况，每日研判调度，及时发现滞后工序和滞后分项，分析滞后原因，利用立项销项机制及时整改。

7.1.7 建立"四队一制"质量安全管控模式

为进一步推进项目参建单位质量安全主体责任的落实，提高现场质量安全风险管控效率与水平，抢险救灾工程需要建立健全项目质量安全管控模式。以"四队一制"的质量安全管控模式为例，抢险救灾工程总承包单位可以建立以下"四队"：①重大隐患整改队，及时发现重大隐患问题，及时整改隐患，提高隐患整改"3个100%"（100%发现、100%上传、100%整改）闭合率。②6S专项清理队，解决分包单位完工清场不落实、公共区文明施工管理不到位、抢工阶段现场安全文明施工不及时和标准不高的问题。③违章作业纠察队，及时纠正违章作业行为，降低不安全行为风险，及时发现并制止屡改屡犯的问题。④技术审核把关队，解决危大工程等高风险施工技术方案、安全技术交底、作业指导书针对性不强、实操性不够以及方案和现场执行"两张皮"的问题。同时，落实"一制"，即楼栋长制，统筹加强对分包单位的管理，现场分区域明确安全生产主体责任；采用网格化管理手段，明确责任分区、责任单元，压实责任到人。

7.1.8 健全"兼顾效率与公平"预算管理机制

牢固树立过"紧日子"思想，建立健全抢险救灾工程的成本管控机制，围绕项目定位合理规划，明确具体建设标准和资金投入标准，并指导具体的施工和采购工作。如对于工程材料、设施设备和家具的采购，一方面，结合项目定位和建设标准，选择采购与项目相匹配的材料或设备，不能只关注采购材料或设备是否"在库"，更应该关注采购材料或设备的标准"适不适合"；另一方面，加强采购材料或设备的价格管控，特别是在EPC模式下，应加强采购材料或设备的价格审查，确保物有所值。在项目建设过程中，应尽快与施工单位就项目施工图纸和预算达成一致，确保工程变更事项有据可查、有理可依，项目建设成本清晰可控，为后续开展结算审核提供有力抓手，减少与施工单位产生纠纷的风险。

同时，应加强项目预算的全过程管理；细化抢险救灾工程的前期工作管理要求，探索建立按照项目规模和紧急程度分类分级的管理方式。结合抢险救灾工程工期紧、管理特殊的实际情况，应对抢险救灾工程及时开展后评价工作，并将后评价成果作为相关类型项目审批与建设管理的重要参考，促进项目投资决策和管理水平的稳步提升。

7.1.9 形成全过程高效管理模式

抢险救灾工程快速建造目标的实现取决于EPC模式的有效执行。在设计阶段，设计团队根据建造需求提供设计方案，采购小组根据经济和时效考虑提供支持，施工团队则提供施工便利性的建议。在招采阶段，采购小组根据合约要求提供招采方案，设计团队提供材料和设备参数，施工团队参与供应商的考察和定标。在施工阶段，施工团队根据工期要求提供施工方案，设计团队持续跟进深化设计和实施落地，采购小组负责实施期间的成本控制。E（设计）、P（采购）、C（施工）三条线的工程师在整个项目中扮演多重角色，全程参与需求设计、供应招采及建造实施，确保建筑需求得到完全满足。同时，三个团队基于BIM模型进行协作，按照EPC项目管理流程顺畅衔接，确保EPC管理的有效实施。

1. 强化设计先导作用

在设计阶段，应用"面向制造和装配的设计"等理念，提高产品的可制造性和可装配性。在考虑产品功能、外观和可靠性等前提下，全面应用BIM技术，通过标准化集成设计，实现信息数据和图纸图表的整合。通过运用IDD（Integrated Digital Delivery，集成数字化交付）手段，将设计成果传递给生产和施工单位，实现设计、制造和施工三个环节的联通，从源头上确保项目的高质量、高效率和低排放。

抢险救灾工程工期短、变更多，对设计配合的需求高。为确保项目的设计方案可达到业主单位的需求，要求设计团队加强与生产、施工和采购部门的沟通交流，把控设计的技术细节、明确采购的特殊要求，为各部门提供技术支撑，确保工程按进度推动。此外，设计过程应采用一系列创新的技术，例如无风雨环廊设计、标识设计、创新的架空层设计、道路内外环设计、围挡分区和高标准医疗气体系统等。同时，考虑到时间的紧迫性，项目采用"装配式钢结构+模块化技术"组合体系，可有效压缩工期，保护环境并提升效能，这一设计经验可以作为未来相关项目的技术参考。

2. 完善直接招采规则

鉴于抢险救灾工程的政治意义、紧迫工期和资源筹集困难等客观情况，项目应持续改进工程招标规则，以确保全面、专业和精准地选择优质方案。这一改进主要体现在以下四个方面：①推行"菜单式"招标制度。根据各类项目招标的共性要求，制定标准化、菜单式的招标方案，并全面推广实施。②推行预选招标制度。事先确定几家中标单位，有任务时采用直接委托的方式，以缩短招标时间，提高招标效率。③推行优秀管理团队制度。通过公开征集、评审、推荐和公示，评选优秀管理团队。以"优秀管理团队"应标的企业在定标环节中享有优先权利，包括优先入围、最低价豁免、折价排序、优先票选等。④推行优秀投标企业实名推荐制度。对于技术复杂、难度大或重大（重点）项目，且以投标报价较低的1/2家投标单位作为定标票选范围的项目，允许建设单位和项目使用单位的法定代表人实名推荐未入围的投标企业增补到定标票选范围中，同时要求推荐人担保推荐对象不进行转包挂靠。

此外，项目还应明确招采流程和分供商考核原则。例如，可以采用"两级评审、三重考核"的方式，通过授权项目部进行两级评审，缩短流程，确保招采人员和项目班子的认可立即生效；通过公司考察初审、资源组织能力二审和现场履约评价三审的三重考核，及时解决所有履约问题，并进行必要的后备队伍补充。

3. 加强现场施工管理

现场施工管理是EPC模式中最为重要的环节之一。具有特殊性质的抢险救灾工程，其施工现场环境往往十分复杂，给现有的施工管理工作带来了巨大挑战。因此，为规范管理施工现场，项目应制定严格的管理制度和机制。

首先，加强对项目施工目标的把控。这些目标主要涉及进度、质量和安全三个维度。在进度管控方面，制定明确的施工进度计划，并采用快速建造技术来提高效率。在质量方面，全面考虑现场管理，强化主体责任，严格控制质量验收过程。在安全方面，建立安全管理机制，加强安全管理培训，并贯彻隐患排查措施。此外，新型工业化和智慧化的建造技术也应作为辅助手段配合使用。

其次，加强对施工准备、施工、竣工验收阶段的全过程管理。在施工准备阶段，根据各阶段的工期目标制定施工部署和实施方案。对分包进场时间和出图进展进行预警监控，并通过倒逼机制推动专业间的衔接和作业面的移交等关键节点。为确保问题得到及时解决，每天落实班子会议、生产协调会议以及夜间巡场机制，不定期进行专业协调会议，以确保当天的问题不会拖延到次日。在施工阶段，EPC总承包单位统筹设计团队、项目管理机构、承包商做好项目施工各项工作，保障项目的进度、质量及安全，合理控制项目建造成本，确保项目按照业主要求优质、高效地交付。在竣工验收阶段，EPC总承包单位参与从项目初步设计到生产交付的全过程。EPC总承包单位对项目情况和业主诉求都更为清楚，可统筹协调开展专业验收、试运行、项目收尾、移交等工作，以实现项目优质、高效交付。

4. 提高项目运营效率

在移交过程中，首先要搭建多样化的沟通渠道，以促进项目人员内部沟通、项目人员与运营单位的沟通，以及项目人员与建设和监理单位的沟通。

为实现信息筛选和便捷沟通的目标，项目可以建立多个微信群，力求实现以下目标：少数但重要的功能性问题向运营、建设和监理单位的领导上报；众多一般性问题由运营单位提供问题清单给现场负责人，在现场进行整改；大批量的常见问题由各楼栋负责人相互沟通，以实现快速解决。这种模式有助于控制信息传递范围，实现不同层级之间的有效信息对接，并提高工作效率。

此外，应组织系统专业人员对运营单位进行特别培训。例如，可邀请消防、空调、给水排水等系统的专业人员对运营单位的工程人员进行多次现场实操培训。通过这些培训，提高运营单位对项目的熟悉程度，使其能够在运营期间自行修复一些小故障。

7.2 建议

7.2.1 探索模式创新，深入推动工程总承包

抢险救灾工程的顺利实施依赖于工程总承包模式。为更好地应用先进建造技术，推动工程总承包模式在抢险救灾工程中的应用，提出如下建议。

（1）加强领导和监督。首先，明确划分领导层的责任与权限，确保各级管理人员和团队成员在抢险救灾工程中的职责清晰、明确。其次，强化监督与评估机制，定期对工程总承包模式在抢险救灾工程中的应用成效进行评估，确保工程进展符合预期目标。此外，信息透明与沟通畅通也至关重要。领导层应及时了解抢险救灾工程面临的问题，与项目团队保持紧密联系，为工程总承包模式的应用提供必要的支持和指导。

（2）借鉴国际工程EPC经验和工程建设模式。在工程总承包应用中，建议更多地借鉴国际工程EPC经验，深入研究国内外工程建设模式的有益经验，并将其进一步深化应用于我国的工程建设模式的改革中，为模块化建筑等新型建造方式提供适宜的工程建设模式，促进建筑行业的创新和发展。

（3）解决可能存在的"假EPC"现象。目前工程总承包应用中存在不少"假EPC"现象，这对项目的顺利实施和工程建设模式的推广造成了困扰。建议加强对工程总承包的监管，严格落实EPC模式的要求，防止虚假宣传和不实操作，确保工程总承包模式的真实性和有效性。

7.2.2 完善EPC团队，提升项目管理能力

为有效应对各种挑战，提高项目执行效能，建议完善EPC团队，提升项目管理能力，确保抢险救灾工程高效、安全、高质量地完成。

（1）加强对资源集聚能力、分包管理能力和统筹管理能力的考量，选择合适的EPC总承包单位，完善为一支专业全、业务精、能力强的EPC团队。包括构建合理的商务体系，采取费率招标、定型定标、优质优价、措施费包干和激励机制等，为承包商赋能；坚持"人才是第一资源"的理念，多渠道引进人才，多层次培养人才，多方式选拔人才，多手段激励人才；在设计、生产、施工和采购等环节开展一体化集约管理，充分发挥EPC团队的技术和管理优势，提升EPC团队的管理水平和国际竞争力。

（2）加强团队凝聚力和文化建设。项目参建单位应共同开展项目文化建设活动，组织各种形式的文化建设活动，以谋求思想认同和情感共鸣，助力团队形成紧密的凝聚力和合作精神，激发成员的工作热情和责任感。

（3）制定社会代建管理办法及配套管理细则，规范政府工程社会代建的运作。社会代建可以发挥补充作用，提供专业化的项目管理和施工能力，为抢险救灾工程提供更多的资源和支持，提升项目管理水平和执行效能。

7.2.3 完善配套政策，加快建筑工业化转型

（1）加快推动新型建造技术应用与推广，充分发挥模块化集成建筑技术在建造速度、工业化水平、集成化水平、绿色低碳等方面的技术优势，着力解决制约新一代装配式技术应用在验收方法、工程计价等方面存在的问题。

（2）加强装配式建筑体系及装配式部品部件的研发、体系化生产和产业化运作，政策上给予公共工程一定的支持，推动建筑工业化转型；加大推广力度，营造适合新型建造技术应用的产业生态。

7.2.4 明确建设目标，推动项目管理方式优化

（1）以运营为导向，深化功能需求调研，确保在规模、规划、流线、行政、后勤、服务、运营管理和设备采购等方面减少功能变更，是项目建设的前提条件。

（2）明确工期目标和质量目标，贯彻项目始终，保持目标的严肃性和

稳定性。建立创新一体化的项目管理组织，从施工到工程总承包，从监理到全过程工程咨询，推动项目管理的创新发展。

（3）创新施工安全管理手段，应对高度复杂的安全管理挑战。探索贴单管理法、楼栋长制度、智慧工地等新的管理方法；加强密集调度和高效会议管理，以问题为导向，以责任为中心，推行清单化管理和数字化管理；鼓励创新引领，开展学习型组织、一体化组织、联动办公、智慧建造、信息管理等创新实践，同时建立相应的激励机制。